関数解析入門のための
フーリエ変換・ラプラス変換
積分方程式・ルベーグ積分

瀬戸 道生・細川 卓也
共 著

内田老鶴圃

本書の全部あるいは一部を断わりなく転載または
複写(コピー)することは，著作権および出版権の
侵害となる場合がありますのでご注意下さい.

はじめに

　近年，機械学習に興味をもつ人々の間で，関数解析を学ぼうという気運が高まっている．その一方で，関数解析は抽象的で近寄りがたいという感想を聞くことがある．

　さて，本書は 2010 年前後から断続的に書き足し続けていた著者らの講義ノートがもとになっている．そのため，そこには著者らの教育経験が反映され，本書が対象とする読者は，数学専攻の学部学生，一般の理工系大学院の学生，そして，数学に興味のある社会人である．特に，筆者らは，「一般の理工系の学生や社会人を対象に関数解析の講義を担当するならば」という仮想の下で，本書をまとめた．本書の中にはヒルベルト空間やバナッハ空間といった言葉は出てこないが，本書を構成する五つの章はすべて関数解析前日譚とみなせる内容である．

　本書出版までの経緯を簡単に述べよう．まず，Dym–McKean[3] を下敷きとし，瀬戸がフーリエ解析をテーマとした島根大学での講義資料を作成した．これを第 1 版とする．その後，島根大学での経験を踏まえ，防衛大学校，神奈川大学における講義のために第 1 版を改良した．これを第 2 版とする．この第 1 版，第 2 版は，それまでの自分の学習経験に囚われていたため，学生にとって読みやすいものではなかった．その反省の下，荷見[5] のような関数解析の入門書の副読本となることを目標にまとめ直すことにした．その第 3 版を Researchmap と当時の Twitter 上で公開したところ，それを内田老鶴圃に見つけていただき，出版の可能性について問い合わせをいただいた．第 3 版は 2 章構成の講義資料であったため，一冊の本としてまとめるには分量が足りず悩んだが，ちょうどその時期，伊吹・山内・畑中・瀬戸[7] および瀬戸・伊吹・畑中[19] の共著者から受けた刺激を防衛大学校の講義用に整理していた．それは第 3 章として追加するにはぴったりな内容であった．また，細川がルベーグ積分論に関する講義ノートを書きためていることを知り，2023 年 12 月に浅草橋で相談し二人の共著とすることを決めた．さらに，2024 年の正月休みに過去の講義録を掘り返し，も

i

ii　はじめに

う一つの章を追加した．第 4 章は島根大学大学院での講義のために準備したことの大幅な改良である．

　では，本書の構成を述べよう．第 1 章と第 2 章ではフーリエ級数とフーリエ変換の基礎をそれぞれ解説する．第 3 章ではラプラス変換の基礎と制御理論への応用を解説する．第 4 章では積分方程式を題材に線形作用素のスペクトル理論を解説する．第 5 章ではルベーグ測度とルベーグ積分についてその構成法を概観し，各種定理の使い方に重点をおいて解説する．第 1 章から第 4 章の中で，厳密にはルベーグ積分論に基づく議論が必要になる場面もあるが，それらはおおらかに扱うことにした．また，全体の書きぶりは講義での口調，板書を基準にしている．そういったわけで，本書は正統的な教科書ではなく読物である[*1]．本書を関数解析の一般的な入門書と合わせて読めば，関数解析特有の考え方に対する理解が深まるのではないかと思う．

　本書を執筆するにあたって石川勲氏（愛媛大学），植木誠一郎氏（横浜国立大学），大野修一先生（日本工業大学），小澤龍ノ介氏（防衛大学校），川澄亮太氏（神戸学院大学），川原田茜氏（防衛大学校），国定亮一氏，坂井英里氏，澤野嘉宏氏（中央大学），土田兼治氏（防衛大学校），水原昂廣先生（山形大学），水原柳一郎氏（日本数学検定協会）から初期の原稿にあった誤りや読みづらさの指摘，励ましになる感想，貴重な文献情報をいただいたことを感謝します．また，島根大学，茨城大学，防衛大学校，神奈川大学，それぞれの大学で著者らの講義を聴いてくれた学生に感謝します．本書の出版にあたっては，内田老鶴圃社長内田学氏，同社編集部笠井千代樹氏，生天目悠也氏に大変お世話になりました．皆様に厚くお礼を申し上げます．

　　令和 6 年 9 月

　　　　　　　　　　　　　　　　　　　　　　　　　　　　　　　著　者

[*1]　『興味と慰安と，行間に何らか人生的な啓発があれば，「読物」で結構である。』牧 逸馬．牧[12]．

記　　号

- $\mathbb{N}$ は自然数の全体からなる集合を表す．本書では 0 は自然数に含めない．
- $\mathbb{Z}$ は整数の全体からなる集合を表す．
- $\mathbb{Q}$ は有理数の全体からなる集合を表す．
- $\mathbb{R}$ は実数の全体からなる集合を表す．
- $\mathbb{C}$ は複素数の全体からなる集合を表す．
- 複素数 z に対し，$\operatorname{Re} z$ は z の実部，$\operatorname{Im} z$ は z の虚部，$\arg z$ は z の偏角，$\bar{z}$ は z の共役複素数を表す．
- かっこの用法について，

    (i) 「$e^{it} = \cos t + i \sin t \ (t \in \mathbb{R})$ が成り立つ」と書いたときは，すべての実数 t に対し $e^{it} = \cos t + i \sin t$ が成り立つことを表す．

    (ii) 「$|f(x,y)| \leq M \ (x \in X, \ y \in Y)$ が成り立つ」と書いたときは，任意の $x \in X$ と任意の $y \in Y$ に対し $|f(x,y)| \leq M$ が成り立つことを表す．

目　次

はじめに i

第 1 章　フーリエ級数　　　　1

1.1　フーリエ係数 1

1.2　L^2 の幾何 7

1.3　ディリクレの定理 14

1.4　熱方程式 1 24

1.5　フェイェルの定理 29

1.6　L^2 関数のフーリエ級数 35

第 2 章　フーリエ変換　　　　41

2.1　フーリエ積分 41

2.2　急減少関数の空間 45

2.3　急減少関数のフーリエ変換 50

2.4　熱方程式 2 58

2.5　L^2 関数のフーリエ変換 65

2.6　正則フーリエ変換 74

第 3 章　ラプラス変換と z 変換　　　　83

3.1　ラプラス変換 83

3.2　フィードバック制御 90

3.3　安定性 97

3.4　ナイキストの安定判別法 104

3.5　z 変換 111

3.6　実現理論入門 118

v

vi 目　次

第4章　積分方程式　　125

4.1　積分作用素 125

4.2　線形作用素 133

4.3　固有値と固有関数 137

4.4　ヒルベルト・シュミットの展開定理 142

4.5　マーサーの定理 149

4.6　ノイマン級数 155

4.7　フレドホルム行列式 163

第5章　測度と積分　　173

5.1　ジョルダン測度 173

5.2　ルベーグ測度 180

5.3　可測関数 186

5.4　ルベーグ積分 191

5.5　収束定理 200

付録A　連続関数の空間　　213

付録B　偏角の原理　　219

付録C　行列のノルム　　222

参考文献 225

文献メモ 227

あとがき 229

索　引 231

第1章

フーリエ級数

1.1 フーリエ係数

$\mathbb{R}$ 上で定義された関数 f が

$$f(t + 2\pi) = f(t) \quad (t \in \mathbb{R})$$

をみたすとき，f は周期 2π の関数とよばれる．周期 2π の関数の代表的な例は三角関数 $\sin t, \cos t$ である．また，**オイラーの公式**

$$e^{it} = \cos t + i \sin t \quad (t \in \mathbb{R})$$

により，e^{it} も周期 2π の関数であることがわかる．フーリエ解析はこの e^{it} の数学である．

周期 2π の関数 f に対し

$$\widehat{f}(n) = \frac{1}{2\pi} \int_0^{2\pi} f(t) e^{-int} \, dt \quad (n \in \mathbb{Z})$$

と定める．今，f に周期性を仮定しているので，

$$\widehat{f}(n) = \frac{1}{2\pi} \int_{-\pi}^{\pi} f(t) e^{-int} \, dt \quad (n \in \mathbb{Z})$$

と定めても同じことである．この $\widehat{f}(n)$ を f の**フーリエ係数**という．これから徐々に説明するが，フーリエ係数 $\widehat{f}(n)$ は f の中に e^{int} がどれだけ入っているかを表す量である．この解釈を二つの観点から言い換えてみよう．

- オイラーの公式によりフーリエ係数 $\widehat{f}(n)$ は f の中に $\cos nt, \sin nt$ がどれだけ入っているか，すなわち，フーリエ係数は f が振動する度合いを

1

2 第1章 フーリエ級数

表している.

- フーリエ係数 $\widehat{f}(n)$ は f をベクトルと考えたときの座標の n 番目の成分である.つまり,両側無限に延びた f の座標表示

$$\left(\ldots, \widehat{f}(-2),\ \widehat{f}(-1),\ \widehat{f}(0),\ \widehat{f}(1),\ \widehat{f}(2),\ldots\right)$$

  を考えることに相当する.

これらの解釈を念頭におきながら,これからの話を読み進めるとよい.

さて,周期 2π の関数とそのフーリエ係数からなる数列への対応を

$$\mathcal{F}: f \mapsto \left\{\widehat{f}(n)\right\}_{n=-\infty}^{\infty}$$

と表す.この写像 $\mathcal{F}$ を**フーリエ変換**とよぼう.また,

$$\sum_{n=-\infty}^{\infty} \widehat{f}(n)e^{int}$$

を f の**フーリエ級数**という.この段階ではフーリエ級数が収束するかは気にせず,形式的な級数として考える.

さて,$k \in \mathbb{Z}$ のとき,フーリエ係数の計算では

$$\frac{1}{2\pi}\int_0^{2\pi} e^{ikt}\,dt = \begin{cases} 1 & (k=0) \\ 0 & (k \neq 0) \end{cases} \tag{1.1.1}$$

がとても重要である.

例題 1.1.1. 等式(1.1.1)を示せ.

（**解答**） 左辺の積分を直接

$$\frac{1}{2\pi}\int_0^{2\pi} e^{ikt}\,dt = \frac{1}{2\pi}\left[\frac{1}{ik}e^{ikt}\right]_0^{2\pi}$$

と計算すると,ここから先は $k=0$ ではまずいことに気づく.そこで,議論を

1.1 フーリエ係数 3

二つに分ける[*1]. まず, $k \neq 0$ の場合, $e^{2\pi i} = 1$ に注意して,

$$\frac{1}{2\pi} \int_0^{2\pi} e^{ikt} \, dt = \frac{1}{2\pi} \left[\frac{1}{ik} e^{ikt} \right]_0^{2\pi} = \frac{1}{2\pi i k}(1-1) = 0$$

を得る. 次に, $k = 0$ の場合, $e^{i \cdot 0 \cdot t} = 1$ であるから,

$$\frac{1}{2\pi} \int_0^{2\pi} e^{i \cdot 0 \cdot t} \, dt = \frac{1}{2\pi} \int_0^{2\pi} 1 \, dt = 1$$

を得る. 以上のことから, (1.1.1) が得られた. また, 複素積分を用いれば

$$\frac{1}{2\pi} \int_0^{2\pi} e^{ikt} \, dt = \frac{1}{2\pi i} \int_0^{2\pi} e^{i(k-1)t} i e^{it} \, dt = \frac{1}{2\pi i} \int_{|z|=1} z^{k-1} \, dz$$

と表されることに注意しよう.

整数 $n \geq 0$ と $2n+1$ 個の複素数 $c_{-n}, \ldots, c_0, \ldots, c_n$ を用いて

$$f(t) = \sum_{k=-n}^{n} c_k e^{ikt}$$

と表される関数 f は**三角多項式**とよばれる. もちろん, オイラーの公式からこの f は三角関数の和で表されるからである. 次の例題も重要である.

例題 1.1.2. 三角多項式

$$f(t) = \sum_{k=-n}^{n} c_k e^{ikt}$$

のフーリエ係数を求めよ.

(**解答**) 添え字の処理と (1.1.1) に注意すれば,

[*1] このような議論はフーリエ解析ではよく出てくる. これからはこのような断りは書かない. はじめからわかっていたような振りをするのである.

4　第1章　フーリエ級数

$$\widehat{f}(j) = \frac{1}{2\pi} \int_0^{2\pi} \left(\sum_{k=-n}^{n} c_k e^{ikt} \right) e^{-ijt} \, dt$$

$$= \sum_{k=-n}^{n} c_k \left(\frac{1}{2\pi} \int_0^{2\pi} e^{i(k-j)t} \, dt \right) \quad (\because 和と積分の順序交換)$$

$$= \begin{cases} c_j & (-n \le j \le n) \\ 0 & (その他) \end{cases}$$

が成り立つことがわかる.

例題 1.1.2 から,次の二つのことがわかる.

- 三角多項式 f のフーリエ係数 $\widehat{f}(k)$ は正に f にどれだけ e^{ikt} が入っているかを表す量である.
- 三角多項式のフーリエ級数はもとの関数そのものである.すなわち,

$$f(t) = \sum_{k=-n}^{n} c_k e^{ikt} \quad \Rightarrow \quad f(t) = \sum_{k=-\infty}^{\infty} \widehat{f}(k) e^{ikt}$$

が成り立つ.

この観察を踏まえて本題に入ろう.次の問題は現代につながる解析学発展の源である.

> **━━━━ 解析学における歴史上の大問題 ━━━━**
>
> 周期 2π の任意の関数 f に対し $f(t) = \displaystyle\sum_{n=-\infty}^{\infty} \widehat{f}(n) e^{int}$?
>
> または,周期 2π の任意の関数は三角関数により展開可能か?

次の例題により,この問題がどれだけ大胆な話であるかがわかる.

例題 1.1.3. 関数 $f(t) = t \, (0 \le t < 2\pi)$ のフーリエ級数を求めよ.

(**解答**) まず, $n \neq 0$ のとき, 部分積分と (1.1.1) を用いて,

$$
\begin{aligned}
\widehat{f}(n) &= \frac{1}{2\pi} \int_0^{2\pi} t e^{-int} \, dt \\
&= \frac{1}{2\pi} \left(\left[\frac{1}{-in} t e^{-int} \right]_0^{2\pi} - \int_0^{2\pi} \frac{1}{-in} e^{-int} \, dt \right) \\
&= \frac{i}{n}
\end{aligned}
$$

を得る. また, $n = 0$ のときは

$$
\widehat{f}(0) = \frac{1}{2\pi} \int_0^{2\pi} t \, dt = \frac{1}{2\pi} \left[\frac{1}{2} t^2 \right]_0^{2\pi} = \pi
$$

が成り立つ. よって, f のフーリエ級数は

$$
\pi + \sum_{|n| \geq 1} \frac{i}{n} e^{int}
$$

である.

さて, 本当に等式

$$
t = \pi + \sum_{|n| \geq 1} \frac{i}{n} e^{int} \quad (0 \leq t < 2\pi)
$$

が成り立つのであろうか? 以下の**図 1.1** は

$$
\pi + \sum_{|n| = 1, 2, 3} \frac{i}{n} e^{int} = \pi - \sum_{n=1}^{3} \frac{2}{n} \sin nt
$$

のグラフである.

6 第1章 フーリエ級数

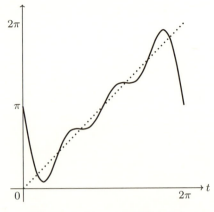

図 1.1 $f(t) = t$ に収束する？

問題 1.1

周期 2π の関数 f と $n \in \mathbb{N}$ に対し，

$$a_n = \frac{1}{\pi} \int_0^{2\pi} f(t) \cos nt \, dt, \quad b_n = \frac{1}{\pi} \int_0^{2\pi} f(t) \sin nt \, dt,$$

$$c_0 = \frac{1}{2\pi} \int_0^{2\pi} f(t) \, dt$$

を f のフーリエ係数とよぶこともある．このとき，

$$\widehat{f}(n) = \frac{1}{2}(a_n - ib_n), \quad \widehat{f}(-n) = \frac{1}{2}(a_n + ib_n)$$

を示せ．また，逆に $\widehat{f}(n)$ と $\widehat{f}(-n)$ を用いて a_n, b_n を表せ．

問題 1.2

周期 2π の関数を考えていることに注意して，次の関数のフーリエ級数を求めよ．

(i) $f(t) = \begin{cases} -1 & (-\pi \leq t < 0) \\ 1 & (0 \leq t < \pi) \end{cases}$

(ii) $f(t) = t \quad (-\pi \leq t < \pi)$

1.2　L^2の幾何

この節ではフーリエ級数を扱う際に便利な枠組みを連続関数に限って用意する．まず，

$$\mathbb{T} = \{e^{i\theta} : 0 \leq \theta < 2\pi\} = \{z \in \mathbb{C} : |z| = 1\}$$

と定める．すなわち，$\mathbb{T}$ は複素平面 $\mathbb{C}$ 内の原点を中心とした単位円周である．これから，単位円周 $\mathbb{T}$ 上の複素数値連続関数の全体を $C(\mathbb{T})$ と表す．さて，$F \in C(\mathbb{T})$ に対し，f を $f(t) = F(e^{it})$ と定めれば，f は周期 2π の連続関数である（**図 1.2**）．また反対に，周期 2π の連続関数 f に対し，F を $F(e^{it}) = f(t)$ と定めれば，$F \in C(\mathbb{T})$ が成り立つ（**図 1.3**）．途中で偏角 $\arg$ をとるため $t + 2n\pi$ ($n \in \mathbb{Z}$) が現れるが，f の周期性によってそれらがつぶれてうまく関数として F が定義されることに注意しよう．以上に述べた意味で，これから $C(\mathbb{T})$ の関数を周期 2π の関数と同一視して $f = f(t)$ と表す．

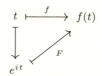

図 1.2　F から f を定める図

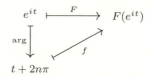

図 1.3　f から F を定める図

L^2-ノルムと L^2-内積

まず，$C(\mathbb{T})$ はベクトル空間であることに注意する．その上で，任意の $f, g \in C(\mathbb{T})$ に対し，

$$\|f\| = \left(\frac{1}{2\pi} \int_0^{2\pi} |f(t)|^2 \, dt\right)^{1/2}, \quad \langle f, g \rangle = \frac{1}{2\pi} \int_0^{2\pi} f(t)\overline{g(t)} \, dt$$

8　第1章　フーリエ級数

と定め，それぞれ，f の L^2-ノルム，f と g の L^2-内積とよぶ．この記号を用いると，フーリエ係数は

$$\widehat{f}(n) = \langle f, e^{int} \rangle$$

と表される．また，$\|f\|^2 = \langle f, f \rangle$ に注意しよう．まずは例題から．次の問題はどれも簡単なものであるが，これからの議論では断りなく用いるので，一度は確認しておくとよい．

例題 1.2.1. 次が成り立つことを示せ．ただし，(ii)以降では $f, g, h \in C(\mathbb{T})$ とする．

(i) $\langle e^{int}, e^{imt} \rangle = \begin{cases} 1 & (n = m) \\ 0 & (n \neq m) \end{cases} \quad (n, m \in \mathbb{Z})$.

(ii) $\langle f + g, h \rangle = \langle f, h \rangle + \langle g, h \rangle$, $\langle f, g + h \rangle = \langle f, g \rangle + \langle f, h \rangle$.

(iii) $\alpha \in \mathbb{C}$ のとき，$\langle \alpha f, g \rangle = \alpha \langle f, g \rangle = \langle f, \overline{\alpha} g \rangle$.

(iv) $\langle g, f \rangle = \overline{\langle f, g \rangle}$.

(v) $\|f + g\|^2 = \|f\|^2 + 2 \operatorname{Re}\langle f, g \rangle + \|g\|^2$.

（**解答**）　(i), (ii), (v) を示そう．

(i)　L^2-内積を積分に書き直して，

$$\begin{aligned} \langle e^{int}, e^{imt} \rangle &= \frac{1}{2\pi} \int_0^{2\pi} e^{int} \overline{e^{imt}} \, dt \\ &= \frac{1}{2\pi} \int_0^{2\pi} e^{int} e^{-imt} \, dt \\ &= \frac{1}{2\pi} \int_0^{2\pi} e^{i(n-m)t} \, dt \end{aligned}$$

を得る．よって，(1.1.1)により(i)が導かれる．

(ii)　再び L^2-内積を積分に書き直して，

$$\langle f+g, h\rangle = \frac{1}{2\pi}\int_0^{2\pi} (f(t)+g(t))\overline{h(t)}\,dt$$

$$= \frac{1}{2\pi}\int_0^{2\pi} \left(f(t)\overline{h(t)} + g(t)\overline{h(t)}\right)\,dt$$

$$= \frac{1}{2\pi}\int_0^{2\pi} f(t)\overline{h(t)}\,dt + \frac{1}{2\pi}\int_0^{2\pi} g(t)\overline{h(t)}\,dt$$

$$= \langle f, h\rangle + \langle g, h\rangle$$

を得る.

(v) (ii) と (iv) により,

$$\|f+g\|^2 = \langle f+g, f+g\rangle$$

$$= \langle f, f\rangle + \langle f, g\rangle + \langle g, f\rangle + \langle g, g\rangle$$

$$= \langle f, f\rangle + \langle f, g\rangle + \overline{\langle f, g\rangle} + \langle g, g\rangle$$

$$= \|f\|^2 + 2\operatorname{Re}\langle f, g\rangle + \|g\|^2$$

を得る.

さて, $\langle f, g\rangle = 0$ のとき, f と g は直交するということにすれば, 例題 1.2.1 の (i) は $\{e^{int}\}_{n=-\infty}^{\infty}$ が**正規直交系**であることを意味している. また, 例題 1.2.1 の (ii) を繰り返し用いて,

$$\left\langle \sum_{k=1}^{n} f_k, \sum_{\ell=1}^{n} g_\ell\right\rangle = \sum_{k=1}^{n}\left\langle f_k, \sum_{\ell=1}^{n} g_\ell\right\rangle = \sum_{k,\ell=1}^{n}\langle f_k, g_\ell\rangle$$

のように計算できることに注意しておこう. これは問題 1.3 へのヒントである.

問題 1.3 ────────────────────────

次の問いに答えよ.

(i) $f(t) = \displaystyle\sum_{k=-n}^{n} c_k e^{ikt}$ に対し, $\|f\|^2 = \displaystyle\sum_{k=-n}^{n} |c_k|^2$ を示せ.

(ii) $f(t) = \displaystyle\sum_{k=-n}^{n} c_k e^{ikt}$ と $g(t) = \displaystyle\sum_{k=-n}^{n} d_k e^{ikt}$ に対し, $\langle f, g\rangle = \displaystyle\sum_{k=-n}^{n} c_k \overline{d_k}$

10　第1章　フーリエ級数

を示せ.

L^2 の幾何

以下, L^2-ノルムと L^2-内積に関するいくつかの事実を列挙する. それらは証明も含めて平面の幾何と非常によく似ていることに注目してほしい.

定理 1.2.2 (コーシー・シュワルツの不等式). 任意の $f, g \in C(\mathbb{T})$ に対し,

$$|\langle f, g \rangle| \le \|f\| \|g\|$$

が成り立つ.

[**証明**]　任意の $x \in \mathbb{R}$ に対し,

$$0 \le \langle xf + g, xf + g \rangle = x^2 \|f\|^2 + 2x \operatorname{Re}\langle f, g \rangle + \|g\|^2$$

が成り立つ. よって, x を変数とする2次方程式の判別式を考えることにより

$$(\operatorname{Re}\langle f, g \rangle)^2 - \|f\|^2 \|g\|^2 \le 0$$

を得る. さらに, $\alpha = \arg\langle f, g \rangle$ とおけば, $e^{-i\alpha}\langle f, g \rangle = |\langle f, g \rangle|$ が成り立つ. よって, 上で示したことから,

$$|\langle f, g \rangle|^2 - \|f\|^2 \|g\|^2 = (\operatorname{Re}\langle e^{-i\alpha} f, g \rangle)^2 - \|e^{-i\alpha} f\|^2 \|g\|^2 \le 0$$

が導かれる. したがって,

$$|\langle f, g \rangle| \le \|f\| \|g\|$$

が成り立つことがわかった. □

次の不等式もコーシー・シュワルツの不等式とよばれる.

系 1.2.3. 任意の $c_1, \ldots, c_n, d_1, \ldots, d_n \in \mathbb{C}$ に対し,

$$\left| \sum_{k=1}^{n} c_k \overline{d_k} \right| \le \left(\sum_{k=1}^{n} |c_k|^2 \right)^{1/2} \left(\sum_{k=1}^{n} |d_k|^2 \right)^{1/2}$$

が成り立つ.

[**証明**]　三角多項式 f, g を

$$f(t) = \sum_{k=1}^{n} c_k e^{ikt}, \quad g(t) = \sum_{k=1}^{n} d_k e^{ikt}$$

と定めて，問題 1.3 とコーシー・シュワルツの不等式（定理 1.2.2）を適用すれ
ばよい. □

　次の不等式はこれから大変重要になる.

定理 1.2.4（三角不等式）.　任意の $f, g \in C(\mathbb{T})$ に対し，

$$\big| \|f\| - \|g\| \big| \leq \|f \pm g\| \leq \|f\| + \|g\|$$

が成り立つ.

[**証明**]　コーシー・シュワルツの不等式（定理 1.2.2）の証明の中で

$$|\mathrm{Re}\langle f, g \rangle| \leq \|f\| \|g\|$$

を示してある. この不等式により，

$$(\|f\| + \|g\|)^2 - \|f + g\|^2 = 2(\|f\| \|g\| - \mathrm{Re}\langle f, g \rangle) \geq 0$$

が成り立つことがわかる. ここから

$$\|f \pm g\| \leq \|f\| + \|g\|$$

が導かれる. また，今示した不等式により，

$$\|f\| = \|(f - g) + g\| \leq \|f - g\| + \|g\|$$

が成り立つ. 同様にして，

$$\|g\| \leq \|g - f\| + \|f\|$$

が得られる. この二つの不等式をまとめて

12 第1章 フーリエ級数

$$\left| \|f\| - \|g\| \right| \leq \|f - g\|$$

と表すことができる. 以上のことをまとめて結論を得る. □

次の系も重宝する.

系 1.2.5. 任意の $f_1, \ldots, f_n \in C(\mathbb{T})$ に対し,

$$\left\| \sum_{k=1}^{n} f_k \right\| \leq \sum_{k=1}^{n} \|f_k\|$$

が成り立つ.

[**証明**] 例えば $n = 3$ の場合, 三角不等式 (定理 1.2.4) を繰り返し用いて

$$\|f_1 + f_2 + f_3\| \leq \|f_1 + f_2\| + \|f_3\| \leq \|f_1\| + \|f_2\| + \|f_3\|$$

と考えればよい. □

例題 1.2.6. $C(\mathbb{T})$ 内の関数 f, g と関数列 $\{f_n\}_{n \geq 1}$, $\{g_n\}_{n \geq 1}$ に対し, $\|f_n - f\| \to 0$ $(n \to \infty)$ かつ $\|g_n - g\| \to 0$ $(n \to \infty)$ を仮定する. このとき, $\langle f_n, g_n \rangle \to \langle f, g \rangle$ $(n \to \infty)$ が成り立つことを示せ.

(**解答**) まず, 三角不等式 (定理 1.2.4) から, $\|f_n\| \to \|f\|$ $(n \to \infty)$ が導かれる. よって, コーシー・シュワルツの不等式 (定理 1.2.2) により,

$$|\langle f_n, g_n \rangle - \langle f, g \rangle| \leq |\langle f_n, g_n \rangle - \langle f_n, g \rangle| + |\langle f_n, g \rangle - \langle f, g \rangle|$$
$$= |\langle f_n, g_n - g \rangle| + |\langle f_n - f, g \rangle|$$
$$\leq \|f_n\| \|g_n - g\| + \|f_n - f\| \|g\|$$
$$\to 0 \quad (n \to \infty)$$

が成り立つ.

次の有名な不等式を示そう.

定理 1.2.7（ベッセルの不等式）. 任意の $f \in C(\mathbb{T})$ に対し,

$$\sum_{k=-n}^{n} \left| \widehat{f}(k) \right|^2 \leq \|f\|^2 \tag{1.2.1}$$

が成り立つ.

［証明］ 例題 1.2.1 と問題 1.3 を参考にすれば,

$$\left\| f - \sum_{k=-n}^{n} \widehat{f}(k) e^{ikt} \right\|^2$$

$$= \|f\|^2 - 2 \operatorname{Re} \left\langle f, \sum_{k=-n}^{n} \widehat{f}(k) e^{ikt} \right\rangle + \left\| \sum_{k=-n}^{n} \widehat{f}(k) e^{ikt} \right\|^2$$

$$= \|f\|^2 - 2 \sum_{k=-n}^{n} \left| \widehat{f}(k) \right|^2 + \sum_{k=-n}^{n} \left| \widehat{f}(k) \right|^2$$

$$= \|f\|^2 - \sum_{k=-n}^{n} \left| \widehat{f}(k) \right|^2$$

が成り立つことがわかる. よって,

$$\|f\|^2 = \sum_{k=-n}^{n} \left| \widehat{f}(k) \right|^2 + \left\| f - \sum_{k=-n}^{n} \widehat{f}(k) e^{ikt} \right\|^2 \geq \sum_{k=-n}^{n} \left| \widehat{f}(k) \right|^2$$

を得る. □

問題 1.4

任意の $f \in C(\mathbb{T})$ に対し,

$$\left\langle f - \sum_{k=-n}^{n} \widehat{f}(k) e^{ikt}, \sum_{\ell=-n}^{n} \widehat{f}(\ell) e^{i\ell t} \right\rangle = 0$$

が成り立つことを示せ.

14　第1章　フーリエ級数

ベッセルの不等式(1.2.1)は等式に改良できる．そのためには $C(\mathbb{T})$ では舞台が狭い．後の 1.6 節で適切な舞台を用意しよう．

リーマン・ルベーグの補題

さて，$|n|$ が非常に大きいとき，t を動かせば e^{int} は $\mathbb{T}$ 上を超高速で回転する．または，同じことであるが，$\sin nt, \cos nt$ は激しく振動する．次に述べるリーマン・ルベーグの補題により，$\mathbb{T}$ 上の連続関数には，そのような要素が無制限に入ってくることはないことがわかる．

定理 1.2.8（**リーマン・ルベーグの補題**）．任意の $f \in C(\mathbb{T})$ に対し，

$$\widehat{f}(n) \to 0 \quad (|n| \to \infty)$$

が成り立つ．

[**証明**] ベッセルの不等式(1.2.1)により，

$$S_n = \sum_{k=-n}^{n} \left| \widehat{f}(k) \right|^2$$

は単調増加かつ有界な数列である*2．よって，S_n は収束する*3．その極限を S と表せば，

$$\left| \widehat{f}(n) \right|^2 + \left| \widehat{f}(-n) \right|^2 = S_n - S_{n-1} \to S - S = 0 \quad (n \to \infty)$$

が成り立つことがわかる． □

1.3　ディリクレの定理

この節ではフーリエ級数の収束性について考えよう．

---

*2　数列 $\{a_n\}_{n \geq 1}$ に対し，$|a_n| \leq M \ (n \geq 1)$ をみたす定数 M が存在するとき，$\{a_n\}_{n \geq 1}$ は**有界**といわれる．

*3　単調増加かつ有界な数列は収束する．これは $\mathbb{R}$ の完備性の一つの表現である．

ディリクレ核

形式的な級数

$$\sum_{n=-\infty}^{\infty} \widehat{f}(n)e^{int}$$

は，細かいことを気にしなければ，

$$\sum_{n=-\infty}^{\infty} \widehat{f}(n)e^{int} = \sum_{n=-\infty}^{\infty} \left(\frac{1}{2\pi} \int_0^{2\pi} f(s)e^{-ins} \, ds \right) e^{int}$$

$$= \frac{1}{2\pi} \int_0^{2\pi} f(s) \left(\sum_{n=-\infty}^{\infty} e^{in(t-s)} \right) ds$$

と表すことができる．このようにして，次の関数にたどり着く．任意の $n \geq 0$ に対し，

$$D_n(t) = \sum_{k=-n}^{n} e^{ikt}$$

と定め，D_n を**ディリクレ核**とよぶ．まず，ディリクレ核 D_n は t に関して偶関数である．また，先の形式的な計算をみなおせば，

$$\sum_{k=-n}^{n} \widehat{f}(k)e^{ikt} = \frac{1}{2\pi} \int_0^{2\pi} f(s)D_n(t-s) \, ds \tag{1.3.1}$$

が成り立つことがわかる．ここで，f の**フーリエ部分和**

$$S_n(f,t) = \sum_{k=-n}^{n} \widehat{f}(k)e^{ikt}$$

を導入しておこう．変数を明記する必要がない場合，$S_n(f) = S_n(f,\cdot)$ と略記することもある．

ディリクレ核について，さらなる詳しい性質を次の補題で調べよう．

補題 1.3.1. ディリクレ核 D_n に対し，

(i) $D_n(0) = 2n+1$,

(ii) $\dfrac{1}{2\pi}\displaystyle\int_0^{2\pi} D_n(t)\,dt = 1$,

(iii) $D_n(t) = \dfrac{\sin((2n+1)t/2)}{\sin(t/2)}$

が成り立つ．

[**証明**]　(i)は直接計算して得られる．(ii)は(1.1.1)から導かれる．(iii)は

$$D_n(t) = e^{-int} + e^{-i(n-1)t} + \cdots + 1 + \cdots + e^{i(n-1)t} + e^{int}$$

$$= e^{-int}(1 + e^{it} + \cdots + e^{2nit})$$

$$= e^{-int}\frac{1 - e^{(2n+1)it}}{1 - e^{it}} \quad (\because \text{等比数列の和の公式})$$

$$= \frac{e^{-(2n+1)it/2} - e^{(2n+1)it/2}}{e^{-it/2} - e^{it/2}}$$

$$= \frac{\sin((2n+1)t/2)}{\sin(t/2)} \quad (\because \text{オイラーの公式})$$

と計算すればよい．　□

補題 1.3.1 の(i)と(ii)から，D_n の積分の値は 0 の近くに集中していることがわかる．また，補題 1.3.1 の(iii)を使えば，D_n のグラフ（**図 1.4**）を描くことができる．

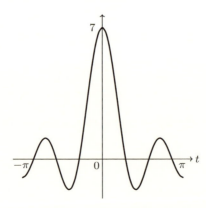

図 1.4　D_3 のグラフ（ただし，縦方向は 5/7 倍した）

ディリクレの定理

フーリエ級数の収束に関するディリクレの定理をここで紹介しよう．まず，$\mathbb{T}$ 上の C^1 級関数の全体からなる集合

$$C^1(\mathbb{T}) = \{f \in C(\mathbb{T}) : f \text{ は微分可能かつ } f' \in C(\mathbb{T})\}$$

を考える．次の補題は簡単なものであるが大変重要である．

補題 1.3.2. 任意の $f \in C^1(\mathbb{T})$ に対し，

$$\widehat{f'}(n) = in\widehat{f}(n) \quad (n \in \mathbb{Z})$$

が成り立つ．

[**証明**] 部分積分を用いて，

$$
\begin{aligned}
\widehat{f'}(n) &= \frac{1}{2\pi} \int_0^{2\pi} f'(t)e^{-int} \, dt \\
&= \frac{1}{2\pi} \left([f(t)e^{-int}]_0^{2\pi} - \int_0^{2\pi} f(t)(-in)e^{-int} \, dt \right) \\
&= \frac{in}{2\pi} \int_0^{2\pi} f(t)e^{-int} \, dt \quad (\because f \text{ の周期性}) \\
&= in\widehat{f}(n)
\end{aligned}
$$

と計算すればよい． $\square$

さらに，$f \in C(\mathbb{T})$ に対し，

$$\|f\|_\infty = \sup_{t \in [0, 2\pi)} |f(t)|$$

と定める[*4]．ここで，sup になじみがなければ，今の設定では

[*4] 一般に，集合 X 上で定義された実数値関数 F に対し，$F(x) \leq M \ (x \in X)$ を みたす $M \in \mathbb{R}$ を集合 $\{F(x) : x \in X\}$ の上界という．集合 $\{F(x) : x \in X\}$ の上界全体からなる集合を考え，その中の最小値を**上限**とよび $\sup_{x \in X} F(x)$ と表 す．上限の存在性は $\mathbb{R}$ の完備性の一つの表現である．

18　第 1 章　フーリエ級数

$$\|f\|_\infty = \max_{t \in [0, 2\pi)} |f(t)|$$

と定めても同じことである．この $\|f\|_\infty$ を f の**無限大ノルム**とよぶ．また，$C(\mathbb{T})$ 内の関数列 $\{f_n\}_{n \geq 1}$ と $f \in C(\mathbb{T})$ に対し，

$$\|f_n - f\|_\infty \to 0 \quad (n \to \infty)$$

が成り立つとき，f_n は f に**一様収束**するという．次の定理は本書最初の山場である．

定理 1.3.3（ディリクレの定理）． $f \in C(\mathbb{T})$ が $a \in [0, 2\pi)$ で微分可能ならば，

$$f(a) = \lim_{n \to \infty} S_n(f, a) = \lim_{n \to \infty} \sum_{k=-n}^{n} \widehat{f}(k) e^{ika}$$

が成り立つ．さらに，$f \in C^1(\mathbb{T})$ ならば，$S_n(f)$ は f に一様収束する．

[**証明**]　まず，任意の $a \in [0, 2\pi)$ に対し，

$$
\begin{aligned}
S_n(f, a) &= \sum_{k=-n}^{n} \widehat{f}(k) e^{ika} \\
&= \sum_{k=-n}^{n} \left(\frac{1}{2\pi} \int_0^{2\pi} f(t) e^{-ikt} \, dt \right) e^{ika} \quad (\because \widehat{f}(k) \text{ の定義}) \\
&= \frac{1}{2\pi} \int_0^{2\pi} \left(\sum_{k=-n}^{n} e^{ik(a-t)} \right) f(t) \, dt \quad (\because \text{和と積分の順序交換}) \\
&= \frac{1}{2\pi} \int_0^{2\pi} D_n(a-t) f(t) \, dt \quad (\because D_n \text{ の定義}) \\
&= \frac{1}{2\pi} \int_{-a}^{2\pi-a} D_n(-s) f(a+s) \, ds \quad (\because \text{変数変換 } t = a+s) \\
&= \frac{1}{2\pi} \int_{-\pi}^{\pi} f(a+s) D_n(s) \, ds
\end{aligned}
$$

$$(\because f \text{ と } D_n \text{ の周期性，さらに } D_n \text{ は偶関数}) \qquad (1.3.2)$$

が成り立つ. 最後に得られた積分を, 図 1.4 をよく見て,

$$\frac{1}{2\pi} \int_{-\pi}^{\pi} f(a+s) D_n(s) \, ds \fallingdotseq f(a)$$

とみなすことがポイントである. このとき, 補題 1.3.1 の (ii) と (iii) により,

$$
\begin{aligned}
S_n(f,a) &- f(a) \\
&= \frac{1}{2\pi} \int_{-\pi}^{\pi} \{f(a+t) - f(a)\} D_n(t) \, dt \quad (\because \text{補題 1.3.1 の (ii)}) \\
&= \frac{1}{2\pi} \int_{-\pi}^{\pi} \frac{f(a+t) - f(a)}{\sin(t/2)} \sin\left(\frac{2n+1}{2}t\right) \, dt \quad (\because \text{補題 1.3.1 の (iii)}) \\
&= \frac{1}{2\pi} \int_{-\pi}^{\pi} \frac{f(a+t) - f(a)}{\sin(t/2)} \cdot \frac{e^{i(2n+1)t/2} - e^{-i(2n+1)t/2}}{2i} \, dt \quad (1.3.3)
\end{aligned}
$$

が成り立つ. なお, 最後の等式を得るときにオイラーの公式を用いた. ここで, f が $t = a$ で微分可能であることを仮定し,

$$F_{\pm}(t) = \frac{f(a+t) - f(a)}{\sin(t/2)} \cdot \frac{e^{\pm it/2}}{2i} = \frac{\dfrac{f(a+t) - f(a)}{t}}{\dfrac{\sin(t/2)}{t}} \cdot \frac{e^{\pm it/2}}{2i}$$

とおけば, $F_{\pm}$ は $\mathbb{T}$ 上で連続である. よって, リーマン・ルベーグの補題 (定理 1.2.8) により,

$$(1.3.3) = \widehat{F_+}(-n) - \widehat{F_-}(n) \to 0 \quad (n \to \infty)$$

を得る. 以上のことから, f が $t = a$ で微分可能ならば,

$$f(a) = \lim_{n \to \infty} \sum_{k=-n}^{n} \widehat{f}(k) e^{ika}$$

が成り立つことがわかった.

次に, $n < m$ のとき,

20 第1章 フーリエ級数

$|S_n(f, t) - S_m(f, t)|$

$$= \left| \sum_{n < |k| \le m} \widehat{f}(k) \right|$$

$$\le \sum_{n < |k| \le m} \left| \widehat{f}(k) \right|$$

$$= \sum_{n < |k| \le m} \left| \widehat{f'}(k) \right| \cdot \left| \frac{1}{ik} \right| \quad (\because 補題 1.3.2)$$

$$\le \left\{ \sum_{n < |k| \le m} \left| \widehat{f'}(k) \right|^2 \right\}^{1/2} \cdot \left\{ \sum_{n < |k| \le m} \frac{1}{k^2} \right\}^{1/2}$$

$$(\because コーシー・シュワルツの不等式（系 1.2.3)）$$

$$\le \|f'\| \left(2 \int_n^\infty \frac{1}{x^2} \, dx \right)^{1/2} \quad (\because ベッセルの不等式と区分求積法)$$

$$\le \|f'\| \sqrt{\frac{2}{n}}$$

が成り立つ．よって，前半で示した $S_m(f, t) \to f(t) \ (m \to \infty)$ から，

$$|S_n(f, t) - f(t)| \le \|f'\| \sqrt{\frac{2}{n}}$$

が得られる．したがって，

$$\|S_n(f) - f\|_\infty \le \|f'\| \sqrt{\frac{2}{n}} \to 0 \quad (n \to \infty)$$

が成り立つ． □

ディリクレの定理（定理 1.3.3）の結論は

$$f(t) = \sum_{n=-\infty}^\infty \widehat{f}(n) e^{int}$$

と表してよい．特に，任意の $f \in C^1(\mathbb{T})$ はフーリエ級数展開可能である．したがって，1.1 節で述べた「解析学における歴史上の大問題」に対し，$C^1(\mathbb{T})$ の関数の場合に肯定的な解答が得られたことになる．さらに，**図 1.5** は例題 1.1.3 で考えた関数 $f(t) = t \ (0 \le t < 2\pi)$ のフーリエ部分和

$$S_{10}(f,t) = \pi + \sum_{1 \le |n| \le 10} \frac{i}{n} e^{int} = \pi - \sum_{n=1}^{10} \frac{2}{n} \sin nt$$

のグラフである．このように，不連続点があったとしても，微分可能な点ではフーリエ級数展開可能であることが見てとれる[*5]．これを確認することを問題 1.8 とする．

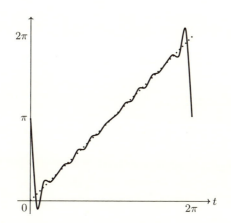

図 1.5 $f(t) = t$ のフーリエ部分和 $S_{10}(f)$ のグラフ

問題 1.5

周期 $T > 0$ の C^1 級関数 f に対するフーリエ級数展開

$$f(x) = \sum_{n=-\infty}^{\infty} \left(\frac{1}{T} \int_0^T f(t) e^{-2\pi i n t/T} \, dt \right) e^{2\pi i n x/T} \tag{1.3.4}$$

を次の手順で証明せよ．

[*5] しかし，不連続点の周辺では大きく振動している．これを**ギブズ現象**とよぶ．

22 第 1 章 フーリエ級数

(i) $F(t) = f(Tt/(2\pi))$ に対し, $F \in C^1(\mathbb{T})$ を示せ.

(ii) F のフーリエ級数展開から (1.3.4) を導け.

問題 1.6

任意の $f \in C^1(\mathbb{T})$ に対し,

$$\sum_{n=-\infty}^{\infty} \left| \widehat{f}(n) \right|^2 = \|f\|^2$$

が成り立つことを示せ.

問題 1.7

$t \in [-\pi, \pi)$ に対し,

$$f(t) = \begin{cases} \dfrac{2}{t} \sin \dfrac{t}{2} & (t \neq 0) \\ 1 & (t = 0) \end{cases}$$

と定める. 次の問いに答えよ.

(i) f は $t = 0$ で微分可能であることを示せ.

(ii) 等式 (1.3.2) を適用し,

$$S_n(f, 0) = \frac{1}{\pi} \int_{-\pi}^{\pi} \frac{\sin \left(\frac{2n+1}{2} t \right)}{t} \, dt$$

を示せ.

(iii) ディリクレの定理（定理 1.3.3）によれば $S_n(f, 0) \to 1 \; (n \to \infty)$ が成り立つ. ここから $x = (n + \frac{1}{2}) t$ と変数変換し,

$$\lim_{R \to \infty} \int_{-R}^{R} \frac{\sin x}{x} \, dx = \pi$$

を導け[*6].

[*6] 極限 $\displaystyle \lim_{R \to \infty} \int_{-R}^{R} \frac{\sin x}{x} \, dx$ が存在することは認めることにする.

問題 1.8

この問題の中では区分的に連続な関数[*7]を考え，連続関数の場合と同様に L^2-内積と L^2-ノルムを定める．このとき，次の問いに答えよ．

(i)　ベッセルの不等式が成り立つことを示せ．

(ii)　リーマン・ルベーグの補題が成り立つことを示せ．

(iii)　区分的に連続な関数 f が $a \in [0, 2\pi)$ で微分可能ならば，

$$f(a) = \lim_{n \to \infty} S_n(f, a) = \lim_{n \to \infty} \sum_{k=-n}^{n} \widehat{f}(k) e^{ika}$$

が成り立つことを示せ．

(iv)　$f(t) = t \ (0 \le t < 2\pi)$ の $a = \pi/2$ におけるフーリエ級数展開からライプニッツの公式

$$1 - \frac{1}{3} + \frac{1}{5} - \cdots + \frac{(-1)^n}{2n-1} + \cdots = \frac{\pi}{4}$$

を導け．

補足 1.3.4.　f を $\mathbb{T}$ 上で区分的に連続な関数とする．$t = a$ で右側微係数 $f'_+(a)$ と左側微係数 $f'_-(a)$ が存在するとき，ディリクレの定理（定理 1.3.3）の前半の証明を少々変更すれば，

$$\lim_{n \to \infty} S_n(f, a) = \frac{1}{2}(f(a-0) + f(a+0))$$

が成り立つことがわかる．さて，その仕組みであるが，要するに (1.3.3) においてリーマン・ルベーグの補題が適用できる程度に $\dfrac{f(a+t) - f(a)}{t}$ の振る舞いが穏やかであればよいのである．この事実をリーマンの局所性定理とよぶ．

[*7]　有限個の点を除いて連続であり，その除外された点では左からと右からの両方の片側極限値が存在する関数を**区分的に連続な関数**という．

1.4 熱方程式1

時間と位置を変数とする2変数関数 $u(t,x)$ $(t \geq 0)$ を考える. この節の中では, t は時間を表し, $u(t,x)$ は x に関して周期が 2π と仮定する. この u に対する偏微分方程式

$$\frac{\partial u}{\partial t} = \frac{1}{2}\frac{\partial^2 u}{\partial x^2} \tag{1.4.1}$$

は円周上の**熱方程式**とよばれる.

熱方程式の導き方

ここでは, 細かいことは気にしないで熱方程式(1.4.1)を導出してみよう. $u(t,x)$ を時刻 t での位置 x における温度とし, 時間が経つにつれて熱が均等に両側に逃げる様子を想像して,

$$u(t+\delta, x) = \frac{1}{2}(u(t, x-\varepsilon) + u(t, x+\varepsilon)) \tag{1.4.2}$$

が成り立つと考えよう. 正確な説明ではないが, 時刻 $t+\delta$ における位置 x での熱量は時刻 t における位置 $x \pm \varepsilon$ での熱量が半分ずつ流入したものであると考えている[*8].

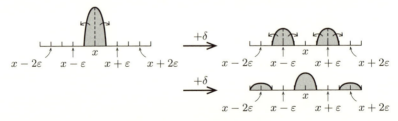

図1.6 熱が拡散する様子

この(1.4.2)の両辺にある関数は

$$u(t+\delta, x) \fallingdotseq u(t,x) + \frac{1}{1!}\frac{\partial u}{\partial t}(t,x)\delta + \frac{1}{2!}\frac{\partial^2 u}{\partial t^2}(t,x)\delta^2$$

[*8] 熱力学にもとづいた導出方法は, 江沢[4] を参照せよ.

$$u(t, x \pm \varepsilon) \fallingdotseq u(t,x) + \frac{1}{1!}\frac{\partial u}{\partial x}(t,x)(\pm\varepsilon) + \frac{1}{2!}\frac{\partial^2 u}{\partial x^2}(t,x)\varepsilon^2$$

と展開できる. したがって, (1.4.2)から

$$\frac{\partial u}{\partial t}\delta + \frac{1}{2}\frac{\partial^2 u}{\partial t^2}\delta^2 \fallingdotseq \frac{1}{2}\frac{\partial^2 u}{\partial x^2}\varepsilon^2$$

を得る. ここで, $\varepsilon^2/\delta \to 1$ となるように, $\delta, \varepsilon \to 0$ と極限をとれば熱方程式 (1.4.1)を得る.

熱方程式の解

さて, フーリエ級数展開を応用し, 熱方程式(1.4.1)を初期条件

$$u(0, x) = f(x)$$

の下で解いてみよう. ここでは, $f \in C^1(\mathbb{T})$ を仮定する. まず, $u(t,x)$ のフーリエ級数展開を

$$u(t, x) = \sum_{n=-\infty}^{\infty} c_n(t)e^{inx}, \quad c_n(t) = \frac{1}{2\pi}\int_0^{2\pi} u(t,x)e^{-inx}\,dx$$

とする[*9]. このとき, (1.4.1)と補題 1.3.2 により,

$$\begin{aligned}
\frac{dc_n}{dt} &= \frac{1}{2\pi}\int_0^{2\pi} \frac{\partial u}{\partial t}(t,x)e^{-inx}\,dx \quad (\because \text{微分と積分の順序交換}) \\
&= \frac{1}{2\pi}\int_0^{2\pi} \frac{1}{2}\frac{\partial^2 u}{\partial x^2}(t,x)e^{-inx}\,dx \quad (\because \ (1.4.1)) \\
&= -\frac{n^2}{2}c_n(t) \quad (\because \text{補題 1.3.2})
\end{aligned}$$

が成り立つことがわかる. この計算で得られた微分方程式

[*9] 最初から $\dfrac{\partial^2 u}{\partial x^2}$ を考えているため, u は x の関数として C^1 級であることを仮定している.

26　第1章　フーリエ級数

$$\frac{dc_n}{dt} = -\frac{n^2}{2}c_n(t)$$

を解いて,

$$c_n(t) = c_n(0)\exp\left(-\frac{n^2 t}{2}\right)$$

を得る. また,

$$c_n(0) = \frac{1}{2\pi}\int_0^{2\pi} u(0,x)e^{-inx}\,dx = \frac{1}{2\pi}\int_0^{2\pi} f(x)e^{-inx}\,dx = \widehat{f}(n)$$

であるから,

$$c_n(t) = \widehat{f}(n)\exp\left(-\frac{n^2 t}{2}\right) \tag{1.4.3}$$

を得る. したがって,

$$u(t,x) = \sum_{n=-\infty}^{\infty} c_n(t)e^{inx}$$

$$= \sum_{n=-\infty}^{\infty} \widehat{f}(n)\exp\left(-\frac{n^2}{2}t\right)e^{inx} \tag{1.4.4}$$

が成り立つ. また, (1.4.4)が熱方程式(1.4.1)をみたすことも直接計算することによって確かめられる[*10].

例題 1.4.1. 初期条件を $f(x) = \cos x$ とするとき, 熱方程式(1.4.1)の解 $u(t,x)$ を求めよ.

(**解答**)　オイラーの公式と例題 1.1.2 で示したことから,

$$\widehat{f}(n) = \begin{cases} 1/2 & (n = \pm 1) \\ 0 & (\text{その他}) \end{cases}$$

[*10]　話が前後することになるが, (1.4.4)で定義される関数の微分可能性が気になる場合は, 定理 1.5.6（1.5 節）を参照せよ.

がわかる. これを (1.4.4) に放り込んで,

$$u(t,x) = \frac{1}{2}e^{-t/2}e^{-ix} + \frac{1}{2}e^{-t/2}e^{ix} = e^{-t/2}\cos x$$

を得る.

問題 1.9

次の初期条件の下で熱方程式 (1.4.1) の解を求めよ.

(i) $f(x) = \sin 2x$

(ii) $f(x) = 2\cos x - 3\sin 2x$

2 変数関数 $K = K(t,x)$ を

$$K(t,x) = \sum_{n=-\infty}^{\infty} \exp\left(-\frac{n^2}{2}t\right)e^{inx}$$

と定めれば, (1.4.4) は

$$\begin{aligned}
u(t,x) &= \sum_{n=-\infty}^{\infty} \widehat{f}(n)\exp\left(-\frac{n^2}{2}t\right)e^{inx} \\
&= \sum_{n=-\infty}^{\infty} \exp\left(-\frac{n^2}{2}t\right)e^{inx}\frac{1}{2\pi}\int_0^{2\pi} f(y)e^{-iny}\,dy \\
&= \frac{1}{2\pi}\int_0^{2\pi}\left(\sum_{n=-\infty}^{\infty}\exp\left(-\frac{n^2}{2}t\right)e^{in(x-y)}\right)f(y)\,dy \\
&= \frac{1}{2\pi}\int_0^{2\pi} K(t,x-y)f(y)\,dy \tag{1.4.5}
\end{aligned}$$

と表される. このように, 熱方程式 (1.4.1) の初期値問題は特別な関数 $K(t,x)$ の研究に帰着されたことになる. また, (1.4.5) は

$$\int_0^{2\pi} f(x-y)g(y)\,dy$$

という型の積分であることに注意する. この積分を f と g の**たたみ込み**という.

28　第1章　フーリエ級数

例題 1.4.2. 任意の $f, g \in C(\mathbb{T})$ に対し，

$$F(x) = \frac{1}{2\pi} \int_0^{2\pi} f(x-y)g(y) \, dy$$

と定める．このとき，$\widehat{F}(n) = \widehat{f}(n)\widehat{g}(n)$ を示せ．

(**解答**)　積分の順序を交換し，f は周期 2π の関数であることに注意して，

$$\frac{1}{2\pi} \int_0^{2\pi} F(x)e^{-inx} \, dt$$

$$= \frac{1}{2\pi} \int_0^{2\pi} \left(\frac{1}{2\pi} \int_0^{2\pi} f(x-y)g(y) \, dy \right) e^{-inx} \, dx$$

$$= \frac{1}{2\pi} \int_0^{2\pi} \left(\frac{1}{2\pi} \int_0^{2\pi} f(x-y)e^{-in(x-y)} \, dx \right) g(y)e^{-iny} \, dy$$

$$= \frac{1}{2\pi} \int_0^{2\pi} \left(\frac{1}{2\pi} \int_0^{2\pi} f(x)e^{-inx} \, dx \right) g(y)e^{-iny} \, dy$$

$$= \widehat{f}(n)\widehat{g}(n)$$

と計算すればよい．

例題 1.4.3. 初期条件を f とする熱方程式(1.4.1)の解を $T_t f$ と表す．すなわち，

$$(T_t f)(x) = \frac{1}{2\pi} \int_0^{2\pi} K(t, x-y)f(y) \, dy \quad (t \geq 0)$$

と定める．このとき，

$$T_{s+t}f = T_s(T_t f) \quad (s, t \geq 0)$$

が成り立つことを示せ．

(**解答**)　以下，$(T_t f)^{\wedge}(n)$ は $T_t f$ のフーリエ係数を表す．まず，(1.4.3)により，

$$(T_{s+t}f)^\wedge(n) = \widehat{f}(n)\exp\left(-\frac{n^2(s+t)}{2}\right)$$

$$= \widehat{f}(n)\exp\left(-\frac{n^2 t}{2}\right)\exp\left(-\frac{n^2 s}{2}\right)$$

$$= (T_t f)^\wedge(n)\exp\left(-\frac{n^2 s}{2}\right)$$

を得る. さらに, K の定義, (1.4.5), 例題 1.4.2 で示したことを用いると,

$$(T_t f)^\wedge(n)\exp\left(-\frac{n^2 s}{2}\right) = (T_s(T_t f))^\wedge(n)$$

が成り立つことがわかる. よって, $T_{s+t}f$ と $T_s(T_t f)$ のフーリエ係数が一致することがわかった. したがって,

$$T_{s+t}f = T_s(T_t f) \quad (s, t \geq 0)$$

が成り立つ.

1.5 フェイェルの定理

フーリエ級数の収束は繊細な問題である. 実際, ある点でフーリエ級数が収束しない連続関数が存在するどころか, すべての有理数上でフーリエ級数が収束しない連続関数も存在する. この節ではフーリエ級数の一種の平均を考え, 連続関数に対してそれがいつでも収束することを紹介する.

フェイェル核

まず, 任意の $n \in \mathbb{N}$ に対し,

$$F_n(t) = \frac{D_0(t) + \cdots + D_{n-1}(t)}{n}$$

と定める. ここで, $D_0, \ldots, D_{n-1}$ はディリクレ核である. この F_n を**フェイェル核**とよぶ. その定め方からわかるように, フェイェル核はディリクレ核の相加平均である.

30　第 1 章　フーリエ級数

補題 1.5.1. フェイエル核 F_n に対し,

(i) $F_n(0) = n,$

(ii) $\dfrac{1}{2\pi} \displaystyle\int_0^{2\pi} F_n(t)\, dt = 1,$

(iii) $F_n(t) = \dfrac{1}{n}\left(\dfrac{\sin(nt/2)}{\sin(t/2)}\right)^2$

が成り立つ.

[**証明**]　補題 1.3.1 の対応する命題からそれぞれ導かれる. (i), (ii) は容易である. (iii) は

$$
\begin{aligned}
F_n(t) &= \frac{1}{n}\sum_{k=0}^{n-1} D_k(t) \\
&= \frac{1}{n}\sum_{k=0}^{n-1} \frac{\sin((2k+1)t/2)}{\sin(t/2)} \quad (\because \text{補題 1.3.1 の (iii)}) \\
&= \frac{1}{n\sin(t/2)} \operatorname{Im} \sum_{k=0}^{n-1} e^{(2k+1)it/2} \quad (\because \text{オイラーの公式}) \\
&= \frac{1}{n\sin(t/2)} \operatorname{Im} e^{it/2}\frac{1 - e^{int}}{1 - e^{it}} \quad (\because \text{等比数列の和の公式}) \\
&= \frac{1}{n\sin(t/2)} \operatorname{Im} e^{int/2}\frac{\sin(nt/2)}{\sin(t/2)} \quad (\because \text{オイラーの公式}) \\
&= \frac{1}{n}\left(\frac{\sin(nt/2)}{\sin(t/2)}\right)^2
\end{aligned}
$$

のようにして示すことができる.　　　　　　　　　　　　　　　□

　補題 1.5.1 の (iii) を使えば, F_n のグラフを描くことができる (**図 1.7**). ディリクレ核 D_n の場合と異なり, フェイエル核 F_n は負の値をとらないことに注目しよう.

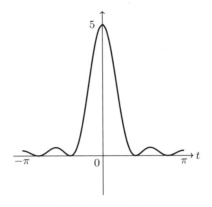

図 1.7　F_5 のグラフ

フェイエルの定理

関数 f に対し，$\sigma_n(f,t)$ を

$$\sigma_n(f,t) = \frac{S_0(f,t) + \cdots + S_{n-1}(f,t)}{n}$$

と定める．ここで，$S_n(f,t)$ は f のフーリエ部分和である．また，$\sigma_n(f) = \sigma_n(f,\cdot)$ と略記することもある．

定理 1.5.2（フェイエルの定理）．　任意の $f \in C(\mathbb{T})$ に対し，$\sigma_n(f)$ は f に一様収束する．すなわち，

$$\|\sigma_n(f) - f\|_\infty \to 0 \quad (n \to \infty)$$

が成り立つ．

[**証明**]　まず，補題 1.5.1 の (ii) を使って，

$\sigma_n(f,x) - f(x)$

$\displaystyle = \frac{1}{n}\sum_{k=0}^{n-1} S_k(f,x) - f(x) \quad (\because \sigma_n(f) \text{の定義})$

$\displaystyle = \frac{1}{n}\sum_{k=0}^{n-1} \frac{1}{2\pi}\int_{-\pi}^{\pi} f(x+y)D_k(y)\,dy - f(x) \quad (\because S_k(f) \text{の定義})$

32 第1章 フーリエ級数

$$= \frac{1}{2\pi} \int_{-\pi}^{\pi} f(x+y) F_n(y) \, dy - f(x) \quad (\because F_n \text{ の定義})$$

$$= \frac{1}{2\pi} \int_{-\pi}^{\pi} \{f(x+y) - f(x)\} F_n(y) \, dy \quad (\because \text{補題 1.5.1 の(ii)})$$

$$= \frac{1}{2\pi} \int_{-\delta}^{\delta} + \int_{|y| \geq \delta} \{f(x+y) - f(x)\} F_n(y) \, dy$$

$$= I + J$$

と分ける. なお, $\delta > 0$ は後から選ぶ.

(**I の評価**) 今, f は一様連続である[*11]. すなわち, 任意の $\varepsilon > 0$ に対し,

$$|y| < \delta \Rightarrow |f(x+y) - f(x)| < \varepsilon \quad (x \in [0, 2\pi])$$

をみたす $\delta > 0$ が存在する. このとき, I は

$$|I| \leq \frac{1}{2\pi} \int_{-\delta}^{\delta} |f(x+y) - f(x)| \cdot |F_n(y)| \, dy$$

$$\leq \frac{1}{2\pi} \int_{-\pi}^{\pi} \varepsilon F_n(y) \, dy$$

$$= \varepsilon \quad (\because \text{補題 1.5.1 の(ii)})$$

と評価される. この不等式はすべての $n \geq 1$ に対して成り立つことに注意しておこう. 以下, ここで選んだ $\delta > 0$ は固定して考える.

(**J の評価**) まず, 補題 1.5.1 の(iii)を使って,

$$|J| \leq \frac{1}{2\pi} \int_{|y| \geq \delta} |f(x+y) - f(y)| \cdot |F_n(y)| \, dy$$

$$\leq \frac{2}{\pi} \int_{\delta}^{\pi} \frac{\|f\|_{\infty}}{n} \left(\frac{\sin(ny/2)}{\sin(y/2)} \right)^2 \, dy \quad (\because \text{補題 1.5.1 の(iii)})$$

$$\leq \frac{2}{n} \|f\|_{\infty} (\sin(\delta/2))^{-2}$$

[*11] 任意の $\varepsilon > 0$ に対し, $|f(x) - f(y)| < \varepsilon \ (|x - y| < \delta)$ をみたす $\delta > 0$ が存在するとき, f は**一様連続**といわれる. そして, 有界閉区間上の連続関数は一様連続である.

と評価する．このとき，

$$\frac{2}{n}\|f\|_\infty (\sin(\delta/2))^{-2} < \varepsilon \quad (n \geq N)$$

をみたす $N \in \mathbb{N}$ を選べば，$|J| < \varepsilon \ (n \geq N)$ が成り立つ．

（まとめ） これまでに得られたことをまとめると，任意の $\varepsilon > 0$ に対し，

$$n \geq N \Rightarrow |\sigma_n(f, x) - f(x)| \leq |I| + |J| < 2\varepsilon \quad (x \in [0, 2\pi))$$

をみたす $N \in \mathbb{N}$ が存在することがわかった．よって，

$$\|\sigma_n(f) - f\|_\infty \to 0 \quad (n \to \infty)$$

が成り立つ． $\square$

系 1.5.3. 任意の $f \in C(\mathbb{T})$ に対し，$\|p_n - f\|_\infty \to 0 \ (n \to \infty)$ をみたす三角多項式の列 $\{p_n\}_{n \geq 1}$ が存在する．

[証明] $\sigma_n(f)$ が f を近似する三角多項式の一つである． $\square$

補足 1.5.4. 系 1.5.3 において，f は

$$\sum_{k=-n}^{n} c_k e^{ikt} \to f(t) \quad (n \to \infty)$$

のように級数展開されるとは限らないことに注意しよう．

系 1.5.5. $f \in C(\mathbb{T})$ とする．任意の $n \in \mathbb{Z}$ に対し $\widehat{f}(n) = 0$ ならば $f = 0$ である．

[証明] 任意の $n \in \mathbb{Z}$ に対し $\widehat{f}(n) = 0$ ならば $\sigma_n(f) = 0$ である． $\square$

　系 1.5.5 はフーリエ級数展開できるとは限らない連続関数に対してもフーリエ変換が単射であることを意味しているので極めて重要である．この事実の一つの応用を次に述べよう．

34　第1章　フーリエ級数

フーリエ級数の微分可能性

定理 1.5.6.　$f \in C(\mathbb{T})$ に対し,

$$\sum_{n=-\infty}^{\infty} \left| n\widehat{f}(n) \right|$$

が収束するとき, $f \in C^1(\mathbb{T})$ である. 特に, f はフーリエ級数展開可能である.
さらに,

$$f'(t) = \sum_{n=-\infty}^{\infty} in\widehat{f}(n)e^{int}$$

が成り立つ.

[**証明**]　$f_k = S_k(f)$ とおくと, $0 < k < \ell$ に対し,

$$\|f_k - f_\ell\|_\infty = \left\| \sum_{k < |n| \le \ell} \widehat{f}(n)e^{int} \right\|_\infty$$

$$\le \sum_{k < |n| \le \ell} \left| \widehat{f}(n) \right| \to 0 \quad (k, \ell \to \infty)$$

が成り立つ. よって, $C(\mathbb{T})$ の完備性（定理 A.1（付録 A））により[*12],

$$\|f_k - g\|_\infty \to 0 \quad (k \to \infty)$$

をみたす $g \in C(\mathbb{T})$ が存在する. このとき, 任意の $n \in \mathbb{Z}$ と $k \ge |n|$ に対し,

$$\left| \widehat{f}(n) - \widehat{g}(n) \right| = \left| \widehat{f_k}(n) - \widehat{g}(n) \right|$$

$$= \left| \frac{1}{2\pi} \int_0^{2\pi} (f_k(t) - g(t))e^{-int} \, dt \right|$$

$$\le \frac{1}{2\pi} \int_0^{2\pi} |f_k(t) - g(t)| \, dt$$

[*12]　定理 A.1 では周期性を仮定していないが, f_n が周期関数ならばその極限関数 g も同じ周期をもつことはほぼ自明であろう.

$$\leq \|f_k - g\|_\infty$$

$$\to 0 \quad (k \to \infty)$$

から $\widehat{f}(n) = \widehat{g}(n)$ $(n \in \mathbb{Z})$ を得る．よって系 1.5.5 により $f = g$ となる．また，上と同様に，$0 < k < \ell$ に対し，

$$\|f_k' - f_\ell'\|_\infty = \left\| \sum_{k < |n| \leq \ell} in\widehat{f}(n)e^{int} \right\|_\infty$$

$$\leq \sum_{k < |n| \leq \ell} \left| n\widehat{f}(n) \right| \to 0 \quad (k, \ell \to \infty)$$

が成り立つので，再び $C(\mathbb{T})$ の完備性（定理 A.1）により，

$$\|f_k' - h\|_\infty \to 0 \quad (k \to \infty)$$

をみたす $h \in C(\mathbb{T})$ が存在する．この h は

$$h(t) = \sum_{n=-\infty}^{\infty} in\widehat{f}(n)e^{int}$$

と表されることに注意しよう．さらに，

$$f(t) - f(0) = \lim_{k \to \infty} (f_k(t) - f_k(0)) = \lim_{k \to \infty} \int_0^t f_k'(x) \, dx = \int_0^t h(x) \, dx$$

から f は微分可能で $f' = h$ が成り立つことがわかる． $\square$

1.6 L^2 関数のフーリエ級数

$[0, 2\pi)$ 上で定義された関数 f に対し，

$$\int_0^{2\pi} |f(t)|^2 \, dt < \infty$$

36　第1章　フーリエ級数

が成り立つとき，f は2乗可積分関数または L^2 関数とよばれる．この節では $\mathbb{T}$ 上の2乗可積分関数の全体 $L^2(\mathbb{T})$ を考える[*13]．このルベーグ空間 $L^2(\mathbb{T})$ を考える上で，通常はルベーグ可測関数を対象とするが，この節の中では，$L^2(\mathbb{T})$ の関数として区分的に連続な関数だけを考えれば十分である．また，$f, g \in L^2(\mathbb{T})$ に対し，

$$\|f\| = \left(\frac{1}{2\pi} \int_0^{2\pi} |f(t)|^2 \, dt \right)^{1/2}, \ \langle f, g \rangle = \frac{1}{2\pi} \int_0^{2\pi} f(t)\overline{g(t)} \, dt$$

と定め，それぞれ，L^2-ノルム，L^2-内積とよぶことはこれまでと同様である．特に，$L^2(\mathbb{T})$ はベクトル空間であり，

(i)　$|\langle f, g \rangle| \leq \|f\|\|g\|$ （コーシー・シュワルツの不等式），

(ii)　$\|f + g\| \leq \|f\| + \|g\|$ （三角不等式），

(iii)　$\displaystyle\sum_{k=-n}^{n} |\widehat{f}(k)|^2 \leq \|f\|^2$ （ベッセルの不等式），

(iv)　$\displaystyle\lim_{|n| \to \infty} \widehat{f}(n) \to 0$ （リーマン・ルベーグの補題）

がそのまま成り立つ．さらに，フーリエ部分和 $S_n(f)$ も

$$S_n(f) = \sum_{k=-n}^{n} \widehat{f}(k)e^{ikt}$$

と同様に定める．このとき，ベッセルの不等式は

$$\|S_n(f)\| \leq \|f\| \quad (f \in L^2(\mathbb{T}))$$

と書き換えることができる．

問題 1.10

任意の $f, g \in L^2(\mathbb{T})$ に対し，次が成り立つことを示せ．

(i)　$S_n(S_n(f)) = S_n(f)$.

[*13]　ここまで周期 2π の連続関数と $\mathbb{T}$ 上の連続関数を同一視したように，ここでも $\mathbb{T}$ と $[0, 2\pi)$ を同一視しているのである．

(ii)　$\langle S_n(f), g \rangle = \langle f, S_n(g) \rangle.$

(iii)　$\langle f - S_n(f), S_n(f) \rangle = 0.$

(iv)　$\|f\|^2 = \|S_n(f)\|^2 + \|f - S_n(f)\|^2.$

$L^2(\mathbb{T})$ の中で解析学を展開する上で基礎となる次の事実を認めて話を進めよう.

───── $C^1(\mathbb{T})$ の $L^2(\mathbb{T})$ の中での稠密性 ─────

任意の $f \in L^2(\mathbb{T})$ に対し, $\|f_n - f\| \to 0$ $(n \to \infty)$ をみたす $C^1(\mathbb{T})$ 内の関数列 $\{f_n\}_{n \geq 1}$ が存在する. すなわち, L^2-ノルムで計って, $L^2(\mathbb{T})$ の関数は $C^1(\mathbb{T})$ の関数により任意の精度で近似できる.

定理 1.6.1. 任意の $f \in L^2(\mathbb{T})$ に対し,

$$\|S_n(f) - f\| \to 0 \quad (n \to \infty)$$

が成り立つ.

[**証明**] 任意の $\varepsilon > 0$ に対し, $C^1(\mathbb{T})$ の $L^2(\mathbb{T})$ の中での稠密性から, $\|f - g\| < \varepsilon$ をみたす $g \in C^1(\mathbb{T})$ が存在する. この ε と g に対し, ディリクレの定理 (定理 1.3.3) により,

$$\|S_n(g) - g\|_\infty < \varepsilon \quad (n \geq N)$$

をみたす $N \in \mathbb{N}$ が存在する. よって, 以上のことにより, $n \geq N$ ならば

$$\|S_n(f) - f\| \leq \|S_n(f) - S_n(g)\| + \|S_n(g) - g\| + \|g - f\|$$

$$\leq \|S_n(g) - g\|_\infty + 2\|f - g\|$$

$$< 3\varepsilon$$

となる. したがって,

$$\|S_n(f) - f\| \to 0 \quad (n \to \infty)$$

38　第 1 章　フーリエ級数

が成り立つ. □

補足 1.6.2.　定理 1.6.1 の結論

$$f(t) = \sum_{n=-\infty}^{\infty} \widehat{f}(n) e^{int}$$

は L^2 の中での極限と等号であることに注意しなくてはいけない. この辺りの事情は単純ではなく, f が連続関数であっても, 各点収束の意味で

$$f(t) = \sum_{n=-\infty}^{\infty} \widehat{f}(n) e^{int} \quad (t \in [0, 2\pi))$$

が成り立つとは限らない. しかし, 任意の $f \in L^2(\mathbb{T})$ に対し,

$$f(t) = \sum_{n=-\infty}^{\infty} \widehat{f}(n) e^{int} \quad \text{a.e.}$$

は成り立つことがカールソンの定理として知られている. ここで, a.e. は**ほとんどいたるところ**を意味する略号である[*14].

定理 1.6.3（パーセヴァルの等式）.　任意の $f \in L^2(\mathbb{T})$ に対し,

$$\sum_{n=-\infty}^{\infty} \left| \widehat{f}(n) \right|^2 = \|f\|^2$$

が成り立つ.

[**証明**]　ベッセルの不等式（定理 1.2.7）の証明を見ると, L^2 関数 f に対しても

$$\|f - S_n(f)\|^2 = \|f\|^2 - \sum_{k=-n}^{n} \left| \widehat{f}(k) \right|^2$$

が成り立つことがわかる. ここで $n \to \infty$ とすれば, 定理 1.6.1 から結論を得る.

□

[*14]　定義 5.4.6 を参照せよ.

1.6　L^2 関数のフーリエ級数　39

例題 1.6.4. $f(t) = t \ (0 \leq t < 2\pi)$ にパーセヴァルの等式（定理 1.6.3）を適用して

$$\frac{1}{1^2} + \frac{1}{2^2} + \cdots + \frac{1}{n^2} + \cdots = \frac{\pi^2}{6}$$

を導け.

（**解答**）　例題 1.1.3 によると f のフーリエ級数展開は

$$f(t) = \pi + \sum_{|n| \geq 1} \frac{i}{n} e^{int}$$

であった. このとき, パーセヴァルの等式により,

$$\pi^2 + \sum_{|n| \geq 1} \frac{1}{n^2} = \frac{1}{2\pi} \int_0^{2\pi} |t|^2 \, dt = \frac{4\pi^2}{3}$$

を得る. この式を整理すれば,

$$\sum_{n=1}^{\infty} \frac{1}{n^2} = \frac{\pi^2}{6}$$

が成り立つことがわかる.

問題 1.11

例題 1.6.4 と同じことを問題 1.2（1.1 節）の関数でも試してみよ.

問題 1.12

$f(t) = |t| \ (-\pi \leq t < \pi)$ と定める. このとき, 次の問いに答えよ.

(i) $\widehat{f}(n)$ の値を求めよ.

(ii) $\displaystyle\sum_{n=1}^{\infty} \frac{1}{(2n-1)^4} = \frac{\pi^4}{96}$ を示せ.

問題 1.13

$f(t) = t^2 \ (0 \leq t < 2\pi)$ と定める. このとき, 次の問いに答えよ.

40 第1章 フーリエ級数

(i) $\widehat{f}(n)$ の値を求めよ.

(ii) $\displaystyle\sum_{n=1}^{\infty} \frac{1}{n^4} = \frac{\pi^4}{90}$ を示せ.

2

第2章

フーリエ変換

2.1 フーリエ積分

$\mathbb{R}$ 上で定義された関数 f と $\xi \in \mathbb{R}$ に対し,

$$\widehat{f}(\xi) = \int_{-\infty}^{\infty} f(x)e^{-2\pi i \xi x}\,dx$$

と定め,これを f の**フーリエ積分**とよぶ.フーリエ積分の存在性は与えられた関数に依存するのだが,この節ではこの点にはこだわらず話を進めることにする.後に示すように,フーリエ積分は周期 ∞ の関数に対するフーリエ係数とみなすことができる.したがって,$\widehat{f}(\xi)$ も f の中に $e^{2\pi i \xi x}$ がどれだけ入っているかを表す量である.

まず,$\widehat{f}(\xi)$ を ξ の関数とみなすことが肝要である.このことを,簡単な関数のフーリエ積分を計算することにより確かめてみよう.

例題 2.1.1.

$$f(x) = \begin{cases} e^{-x} & (x \geq 0) \\ 0 & (x < 0) \end{cases}$$

のとき,

$$\widehat{f}(\xi) = \frac{1}{1 + 2\pi i \xi}$$

が成り立つことを示せ.

（**解答**） まず,

42 第2章 フーリエ変換

$$\widehat{f}(\xi) = \int_0^\infty e^{-x} e^{-2\pi i \xi x} \, dx$$

$$= \int_0^\infty e^{(-1-2\pi i \xi)x} \, dx$$

$$= \left[\frac{1}{-1-2\pi i \xi} e^{(-1-2\pi i \xi)x} \right]_0^\infty$$

$$= \frac{1}{-1-2\pi i \xi} \left(\lim_{x \to \infty} e^{(-1-2\pi i \xi)x} - 1 \right)$$

となる．ここで，

$$0 \le \left| e^{(-1-2\pi i \xi)x} \right| = e^{-x} \to 0 \quad (x \to \infty)$$

から，

$$\lim_{x \to \infty} e^{(-1-2\pi i \xi)x} = 0$$

がわかる．したがって，

$$\widehat{f}(\xi) = \frac{1}{-1-2\pi i \xi} \cdot (-1) = \frac{1}{1+2\pi i \xi}$$

が得られた．

例題 2.1.2. $f(x) = e^{-|x|}$ のとき，

$$\widehat{f}(\xi) = \frac{2}{1+4\pi^2 \xi^2}$$

が成り立つことを示せ．

（**解答**）　例題 2.1.1 と同様に計算して，

$$\widehat{f}(\xi) = \int_{-\infty}^\infty e^{-|x|} e^{-2\pi i \xi x} \, dx$$

$$= \int_{-\infty}^0 e^{(1-2\pi i \xi)x} \, dx + \int_0^\infty e^{(-1-2\pi i \xi)x} \, dx$$

$$= \left[\frac{1}{1-2\pi i \xi} e^{(1-2\pi i \xi)x} \right]_{-\infty}^0 + \left[\frac{1}{-1-2\pi i \xi} e^{(-1-2\pi i \xi)x} \right]_0^\infty$$

$$= \frac{1}{1 - 2\pi i \xi} + \frac{1}{1 + 2\pi i \xi}$$

$$= \frac{2}{1 + 4\pi^2 \xi^2}$$

を得る.

任意の $A \subset \mathbb{R}$ に対し,

$$\chi_A(x) = \begin{cases} 1 & (x \in A) \\ 0 & (x \notin A) \end{cases}$$

と定める. この χ_A は A の**特性関数**とよばれる.

例題 2.1.3. $f(x) = \chi_{[-1,1]}(x)$ のとき,

$$\widehat{f}(\xi) = \frac{\sin(2\pi\xi)}{\pi\xi}$$

が成り立つことを示せ.

(**解答**) まず, $\xi \neq 0$ のとき,

$$\widehat{f}(\xi) = \int_{-\infty}^{\infty} \chi_{[-1,1]}(x) e^{-2\pi i \xi x} \, dx$$

$$= \int_{-1}^{1} e^{-2\pi i \xi x} \, dx$$

$$= \left[\frac{1}{-2\pi i \xi} e^{-2\pi i \xi x} \right]_{-1}^{1}$$

$$= \frac{1}{-2\pi i \xi} \left(e^{-2\pi i \xi} - e^{2\pi i \xi} \right)$$

$$= \frac{\sin(2\pi\xi)}{\pi\xi}$$

を得る. また, $\xi = 0$ のとき

44 第2章 フーリエ変換

$$\widehat{f}(0) = \int_{-1}^{1} 1 \, dx = 2$$

であるが,

$$\lim_{\xi \to 0} \frac{\sin(2\pi\xi)}{\pi\xi} = 2$$

であるから, 結局, すべての $\xi \in \mathbb{R}$ に対し,

$$\widehat{f}(\xi) = \frac{\sin(2\pi\xi)}{\pi\xi}$$

と一括して表すことができる.

以上の三つの例題から $\widehat{f}(\xi)$ は ξ の関数であることが了解できたと思う.

これから, すべての $\xi \in \mathbb{R}$ に対し $\widehat{f}(\xi)$ が定まるとき, $\widehat{f}$ を $\mathbb{R}$ 上の関数とみなし, 関数に関数を対応させる写像 $f \mapsto \widehat{f}$ を考える. この写像も**フーリエ変換**とよび, 1.1 節と同じ記号 $\mathcal{F}$ により表す. すなわち,

$$\mathcal{F} : f \mapsto \widehat{f}, \quad (\mathcal{F}f)(\xi) = \widehat{f}(\xi)$$

と定める. フーリエ変換される関数が長い式で表されるとき,

$$(長い式)^{\wedge}$$

のように表すこともある. $\widehat{f}$ のことを f のフーリエ変換とよぶことも多い.

問題 2.1

$$\mathrm{sgn}(x) = \begin{cases} -1 & (x < 0) \\ 0 & (x = 0) \\ 1 & (x > 0) \end{cases}$$

と定める. 次の関数のフーリエ積分を求めよ.

(i) $\mathrm{sgn}(x)\chi_{[-1,1]}(x)$

(ii) $\operatorname{sgn}(x)e^{-|x|}$

次の二つの問題では，フーリエ変換可能な関数だけを考える．

問題 2.2

$\xi_0,\, x_0 \in \mathbb{R}$ を定数とするとき，次の関数のフーリエ変換を $\widehat{f}$ を用いて表せ．

(i) $e^{2\pi i\xi_0 x}f(x)$

(ii) $f(x - x_0)$

問題 2.3

フーリエ変換は線形写像であることを示せ．すなわち，$\alpha,\, \beta$ を定数とするとき，

$$\mathcal{F}(\alpha f + \beta g) = \alpha \mathcal{F}f + \beta \mathcal{F}g$$

が成り立つことを示せ．

2.2 急減少関数の空間

関数解析学で写像を考える場合，その写像に適した空間の導入がしばしば本質的な問題になる．ここではフーリエ変換に適した空間を導入しよう．

$\mathbb{R}$ 上で定義された無限回微分可能な関数の全体を $C^{\infty}(\mathbb{R})$ と表す．また，$f \in C^{\infty}(\mathbb{R})$ とし，任意の $m,\, n \geq 0$ に対し，

$$\lim_{|x| \to \infty} x^m \frac{d^n}{dx^n}f(x) = 0$$

が成り立つとき，f は急減少関数とよばれる．急減少関数の全体を $\mathcal{S}(\mathbb{R})$ で表す．すなわち，

$$\mathcal{S}(\mathbb{R}) = \left\{ f \in C^{\infty}(\mathbb{R}) : \lim_{|x| \to \infty} x^m \frac{d^n}{dx^n}f(x) = 0 \quad (m, n \geq 0) \right\}$$

と定める．この $\mathcal{S}(\mathbb{R})$ とフーリエ変換の相性のよさは読み進めるにつれわかる

46　第2章　フーリエ変換

はずである.

　最も重要な $\mathcal{S}(\mathbb{R})$ の関数の例を次の例題で紹介しよう.

例題 2.2.1. $e^{-x^2} \in \mathcal{S}(\mathbb{R})$ を示せ.

(解答)　任意の $n \geq 0$ に対し,

$$\frac{d^n}{dx^n} e^{-x^2} = p(x) e^{-x^2}$$

と表される. ここで, p は n 次の多項式である. よって, 任意の $m, n \geq 0$ に対し,

$$x^m \frac{d^n}{dx^n} e^{-x^2} = x^m p(x) e^{-x^2} \to 0 \quad (|x| \to \infty)$$

が成り立つ.

問題 2.4

　$f(x) = e^{-x^2}$ のとき, $\widehat{f}(0) = \sqrt{\pi}$ を示せ.

　$\mathcal{S}(\mathbb{R})$ はベクトル空間であるが, さらに微分と多項式の掛け算で不変である.

例題 2.2.2. 任意の $f \in \mathcal{S}(\mathbb{R})$ に対し, $f', xf \in \mathcal{S}(\mathbb{R})$ が成り立つことを示せ.

(解答)　任意の $m, n \geq 0$ に対し,

$$x^m \frac{d^n}{dx^n} f'(x) = x^m \frac{d^{n+1}}{dx^{n+1}} f(x) \to 0 \quad (|x| \to \infty)$$

$$x^m \frac{d^n}{dx^n} xf(x) = x^m (xf^{(n)}(x) + nf^{(n-1)}(x)) \to 0 \quad (|x| \to \infty)$$

が成り立つ. よって, $f', xf \in \mathcal{S}(\mathbb{R})$ を得る.

　次の補題により, $\mathcal{S}(\mathbb{R})$ の関数の積分を間接的に扱うことができる.

補題 2.2.3. 任意の $f \in \mathcal{S}(\mathbb{R})$ に対し,

$$|f(x)| \leq \frac{M}{1 + x^2} \quad (x \in \mathbb{R}) \tag{2.2.1}$$

をみたす定数 $M > 0$ が存在する.

[**証明**] 例題 2.2.2 で示したことから $(1+x^2)f \in \mathcal{S}(\mathbb{R})$ を得る. 特に, $(1+x^2)f$ は有界である[*1]. すなわち,

$$(1 + x^2)|f(x)| \leq M \quad (x \in \mathbb{R})$$

をみたす定数 $M > 0$ が存在する. $\square$

例えば, 補題 2.2.3 は次のように使う. 任意の $f \in \mathcal{S}(\mathbb{R})$ に対し, 補題 2.2.3 から,

$$\begin{aligned}
\left|\widehat{f}(\xi)\right| &= \left|\int_{-\infty}^{\infty} f(x)e^{-2\pi i \xi x}\,dx\right| \\
&\leq \int_{-\infty}^{\infty} |f(x)|\,dx \\
&\leq \int_{-\infty}^{\infty} \frac{M}{1 + x^2}\,dx \\
&< +\infty
\end{aligned}$$

を得る. よって,

$$\|f\|_1 = \int_{-\infty}^{\infty} |f(x)|\,dx$$

とおくと, $\|f\|_1$ は有限な値であり,

$$\left|\widehat{f}(\xi)\right| \leq \|f\|_1 \quad (\xi \in \mathbb{R}) \tag{2.2.2}$$

が成り立つ.

[*1] 集合 X 上で定義された関数 F に対し, $|F(x)| \leq M \ (x \in X)$ をみたす定数 M が存在するとき, F は**有界**であるという.

例題 2.2.4. 次の手順で $f(x) = e^{-x^2}$ のフーリエ変換

$$\widehat{f}(\xi) = \sqrt{\pi}\exp(-\pi^2\xi^2)$$

を導け.

(i) 任意の $\xi \in \mathbb{R}$ に対し,

$$\widehat{f}(\xi) = \exp(-\pi^2\xi^2)\int_{-\infty}^{\infty}\exp\bigl(-(x+\pi i\xi)^2\bigr)\,dx$$

が成り立つことを示せ.

(ii) $\xi > 0$ のとき, C を $C_1 : -R \to R$, $C_2 : R \to R+\pi i\xi$, $C_3 : R+\pi i\xi \to -R+\pi i\xi$, $C_4 : -R+\pi i\xi \to -R$ を辺とする複素平面内の向き付けられた長方形とする (**図 2.1**). このとき,

$$\lim_{R\to\infty}\int_{C_j}\exp(-z^2)\,dz = 0 \quad (j=2,4)$$

が成り立つことを示せ[*2].

(iii) $\xi > 0$ のとき,

$$\widehat{f}(\xi) = \sqrt{\pi}\exp(-\pi^2\xi^2)$$

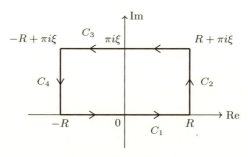

図 2.1 積分路 C の図

[*2] この (ii) と次の (iii) では $\xi > 0$ を仮定するが, $\xi < 0$ のときは, この積分路 C を実軸に対して折り返したものを考えれば同様である.

が成り立つことを示せ.

(解答)

(i) フーリエ変換の定義に従って

$$\widehat{f}(\xi) = \int_{-\infty}^{\infty} e^{-x^2} e^{-2\pi i \xi x} \, dx$$

$$= \int_{-\infty}^{\infty} \exp(-x^2 - 2\pi i \xi x) \, dx$$

$$= \int_{-\infty}^{\infty} \exp(-(x + \pi i \xi)^2 - \pi^2 \xi^2) \, dx$$

$$= \exp(-\pi^2 \xi^2) \int_{-\infty}^{\infty} \exp(-(x + \pi i \xi)^2) \, dx$$

と計算すればよい.

(ii) C_2 を $z(t) = R + it$ $(0 \leq t \leq \pi\xi)$ により表せば,

$$\left| \int_{C_2} \exp(-z^2) \, dz \right| = \left| \int_0^{\pi\xi} \exp(-(R + it)^2) i \, dt \right|$$

$$\leq \int_0^{\pi\xi} \exp(-R^2 + t^2) \, dt$$

$$\to 0 \quad (R \to \infty)$$

が成り立つ. C_4 についても同様である.

(iii) まず, コーシーの積分定理により,

$$\int_C \exp(-z^2) \, dz = 0$$

が成り立つ. ここから,

$$\int_{C_1 + C_2 + C_4} \exp(-z^2) \, dz = -\int_{C_3} \exp(-z^2) \, dz$$

が得られる. このことと (ii) で示したことを合わせると,

50　第2章　フーリエ変換

$$
\begin{aligned}
\int_{-\infty}^{\infty} \exp\bigl(-(x+\pi i\xi)^2\bigr)\,dx &= \lim_{R\to\infty} \int_{-R}^{R} \exp\bigl(-(x+\pi i\xi)^2\bigr)\,dx \\
&= \lim_{R\to\infty} \left(-\int_{C_3} \exp\bigl(-z^2\bigr)\,dz \right) \\
&= \lim_{R\to\infty} \int_{C_1} \exp\bigl(-z^2\bigr)\,dz \\
&= \int_{-\infty}^{\infty} e^{-x^2}\,dx \\
&= \sqrt{\pi}
\end{aligned}
$$

が成り立つことがわかる．最後の等式を示すことが問題 2.4（2.2 節）であった．
以上のことと(i)から，

$$
\widehat{f}(\xi) = \sqrt{\pi}\exp(-\pi^2\xi^2)
$$

が成り立つことがわかる．

2.3　急減少関数のフーリエ変換

この節では，$f \in \mathcal{S}(\mathbb{R})$ に対し，

$$
(\mathcal{F}^*f)(x) = \int_{-\infty}^{\infty} f(\xi)e^{2\pi i x\xi}\,d\xi
$$

と定め，**フーリエの反転公式**

$$
\mathcal{F}^*\mathcal{F}f = \int_{-\infty}^{\infty} \left(\int_{-\infty}^{\infty} f(x)e^{-2\pi i\xi x}\,dx \right)e^{2\pi i x\xi}\,d\xi = f
$$

を証明しよう．

準備

これから，$D_x f = \dfrac{df}{dx}$ という記号を用いて，D_x を変数のように扱う．

補題 2.3.1. $f \in \mathcal{S}(\mathbb{R})$ に対し，

2.3 急減少関数のフーリエ変換 51

(i) $\mathcal{F}D_x f = 2\pi i \xi \mathcal{F}f$,

(ii) $D_\xi \mathcal{F}f = \mathcal{F}(-2\pi i x f)$,

(iii) $\mathcal{F}f \in \mathcal{S}(\mathbb{R})$

が成り立つ.

[**証明**] (i)は補題 1.3.2 と同様に示すことができる. 実際,

$$(\mathcal{F}D_x f)(\xi) = \int_{-\infty}^{\infty} f'(x)e^{-2\pi i \xi x}\,dx$$

$$= \left[f(x)e^{-2\pi i \xi x}\right]_{-\infty}^{\infty} - \int_{-\infty}^{\infty} f(x)(-2\pi i \xi)e^{-2\pi i \xi x}\,dx$$

$$= 2\pi i \xi(\mathcal{F}f)(\xi)$$

と計算すればよい. (ii)は微分と積分の順序を交換して[*3],

$$D_\xi(\mathcal{F}f)(\xi) = \frac{d}{d\xi}\int_{-\infty}^{\infty} f(x)e^{-2\pi i \xi x}\,dx$$

$$= \int_{-\infty}^{\infty} \frac{d}{d\xi}f(x)e^{-2\pi i \xi x}\,dx \quad (\because 微分と積分の順序交換)$$

$$= \int_{-\infty}^{\infty} f(x)(-2\pi i x)e^{-2\pi i \xi x}\,dx$$

$$= (\mathcal{F}(-2\pi i x f))(\xi)$$

と計算すればよい. (iii)を示す. まず, (i)と(ii)から

$$(1+\xi^2)\xi^m \frac{d^n}{d\xi^n}\mathcal{F}f = \mathcal{F}\big((D_x \text{ の多項式}) \times (-2\pi i x)^n f\big)$$

を得る. ここに現れた $(D_x \text{ の多項式}) \times (-2\pi i x)^n f$ を g とおくと, 例題 2.2.2 で示したことから, $g \in \mathcal{S}(\mathbb{R})$ が成り立つことがわかる. さらに, (2.2.2)により,

---

[*3] この点が気になる場合は定理 5.5.7 と例題 5.5.9 を参照せよ. 被積分関数が急減少関数である場合, ここで実行したような微分と積分の順序交換は問題なくできる.

52　第2章　フーリエ変換

$$\left|(1+\xi^2)\xi^m \frac{d^n}{d\xi^n}\widehat{f}(\xi)\right| = |\widehat{g}(\xi)| \le \|g\|_1$$

を得る．よって，

$$\left|\xi^m \frac{d^n}{d\xi^n}\widehat{f}(\xi)\right| \le \frac{\|g\|_1}{1+\xi^2} \to 0 \quad (|\xi| \to \infty)$$

が成り立つ．したがって，$\widehat{f} \in \mathcal{S}(\mathbb{R})$ を得る． □

フーリエ級数とフーリエ変換

ここでは，フーリエ級数とフーリエ変換の関係をまとめる．一般の連続関数 f に対し，

$$\mathrm{supp}\, f = \overline{\{x \in \mathbb{R} : f(x) \ne 0\}}$$

と定め，これを f の**台**とよぶ．ここで，$\{x \in \mathbb{R} : f(x) \ne 0\}$ の上部にある線は閉包を表す記号であり，例えば，(a, b) に対し，$\overline{(a,b)} = [a, b]$ である．さて，$\mathrm{supp}\, f \subset (-T/2, T/2)$ をみたす $f \in \mathcal{S}(\mathbb{R})$ に対し，f を周期 T の関数に拡張すれば，問題 1.5（1.3節）により，f は

$$f(x) = \sum_{n=-\infty}^{\infty} \left(\frac{1}{T}\int_{-T/2}^{T/2} f(y)e^{-2\pi iny/T}\, dy\right)e^{2\pi inx/T}$$

$$= \sum_{n=-\infty}^{\infty} \frac{1}{T}\widehat{f}(n/T)e^{2\pi inx/T}$$

と展開されることに注意しよう．次の補題はフーリエ変換とフーリエ級数の関係を教えてくれる．

補題 2.3.2. $f \in \mathcal{S}(\mathbb{R})$ に対し，

(i)　$\displaystyle\lim_{T \to \infty}\sum_{n=-\infty}^{\infty} \frac{1}{T}\widehat{f}(n/T)e^{2\pi inx/T} = \int_{-\infty}^{\infty} \widehat{f}(\xi)e^{2\pi ix\xi}\, d\xi,$

(ii)　$\displaystyle\lim_{T \to \infty}\sum_{n=-\infty}^{\infty} \frac{1}{T}f(n/T)e^{-2\pi in\xi/T} = \int_{-\infty}^{\infty} f(x)e^{-2\pi i\xi x}\, dx$

が成り立つ.

[**証明**] 補題 2.3.1 により，$\widehat{f}$ も急減少関数であることに注意して，より一般に $F \in \mathcal{S}(\mathbb{R})$ に対し，

$$\lim_{T \to \infty} \sum_{n=-\infty}^{\infty} \frac{1}{T} F(n/T) = \int_{-\infty}^{\infty} F(x) \, dx$$

が成り立つことを示そう．今，左辺の級数は収束する．実際，$0 \le N < N'$ のとき，補題 2.2.3 により

$$\sum_{N+1 \le |n| \le N'} \frac{1}{T} |F(n/T)| \le \sum_{N+1 \le |n| \le N'} \frac{1}{T} \frac{M}{1 + (n/T)^2}$$

$$\le 2 \int_{N/T}^{\infty} \frac{M}{1 + x^2} \, dx \qquad (2.3.1)$$

が成り立つ．したがって，

$$\sum_{n=-\infty}^{\infty} \frac{1}{T} F(n/T)$$

は絶対収束する[*4]．これからの議論は少々込み入っているので先に方針を述べる．まず，

$$\left| \sum_{n=-\infty}^{\infty} \frac{1}{T} F(n/T) - \int_{-\infty}^{\infty} F(x) \, dx \right|$$

$$\le \left| \sum_{n=-\infty}^{\infty} \frac{1}{T} F(n/T) - \sum_{n=-N}^{N} \frac{1}{T} F(n/T) \right| + \left| \sum_{n=-N}^{N} \frac{1}{T} F(n/T) - \int_{-R}^{R} F(x) \, dx \right|$$

$$+ \left| \int_{-R}^{R} F(x) \, dx - \int_{-\infty}^{\infty} F(x) \, dx \right|$$

と分け，最後の各項を順番に I, J, K とおく．このとき，R, N, T をうまく選

[*4] 級数 $\displaystyle\sum_{n=1}^{\infty} a_n$ に対して，$\displaystyle\sum_{n=1}^{\infty} |a_n|$ が収束するとき，$\displaystyle\sum_{n=1}^{\infty} a_n$ は **絶対収束** するという．そして，絶対収束する級数は収束する．

54　第2章　フーリエ変換

べば，I, J, K がいくらでも小さくなることを示す．そうすれば，補題が示され
たことになる．以下の議論の始まりとして，任意の $\varepsilon > 0$ を一つ選び固定する．
（K の評価）十分大きな R を選べば，$0 \leq K < \varepsilon$ が成り立つ．
（I の評価）$N = [RT] + 1$ と定めれば，

$$R = \frac{RT}{T} \leq \frac{N}{T} \leq \frac{RT+1}{T} = R + \frac{1}{T}$$

が成り立つ．このとき，(2.3.1)から，

$$0 \leq I \leq 2 \int_R^\infty \frac{M}{1+x^2} \, dx$$

が成り立つことがわかる．今，$T > 0$ は任意であることに注意しておく．よって，

$$0 \leq 2 \int_R^\infty \frac{M}{1+x^2} \, dx < \varepsilon$$

も成り立つように先の R を十分大きく選んでおけば，任意の $T > 0$ に対して，
$0 \leq I < \varepsilon$ が成り立つことがわかる．以下，ここで選んだ $R > 0$ を固定する．
（J の評価）区分求積法により[*5]，十分大きな T に対し，ε 程度の誤差で

$$\sum_{n=-N}^{N} \frac{1}{T} F(n/T) \doteqdot \int_{-R}^{R} F(x) \, dx$$

が成り立つことがわかる．すなわち，$0 \leq J < \varepsilon \; (T > T_0)$ が成り立つような
$T_0 > 0$ を選ぶことができる．
（まとめ）以上のことから，任意の $\varepsilon > 0$ に対し，

$$\left| \sum_{n=-\infty}^{\infty} \frac{1}{T} F(n/T) - \int_{-\infty}^{\infty} F(x) \, dx \right| \leq I + J + K < 3\varepsilon \quad (T > T_0)$$

をみたす $T_0 > 0$ が存在することがわかった．したがって，

$$\lim_{T \to \infty} \sum_{n=-\infty}^{\infty} \frac{1}{T} F(n/T) = \int_{-\infty}^{\infty} F(x) \, dx$$

[*5]　ここは「リーマン積分の定義により」といったほうがわかりやすいかもしれない．

が成り立つ. □

フーリエの反転公式

さて，$f, g \in \mathcal{S}(\mathbb{R})$ に対し，

$$\|f\| = \left(\int_{-\infty}^{\infty} |f(x)|^2 \, dx \right)^{1/2}, \quad \langle f, g \rangle = \int_{-\infty}^{\infty} f(x)\overline{g(x)} \, dx$$

と定め，それぞれ L^2-**ノルム**，L^2-**内積**とよぶことにする．また，$f \in \mathcal{S}(\mathbb{R})$ に対し，

$$(\mathcal{F}^* f)(x) = \int_{-\infty}^{\infty} f(\xi) e^{2\pi i x \xi} \, d\xi$$

と定める．

問題 2.5

任意の $f, g \in \mathcal{S}(\mathbb{R})$ に対し，

$$\langle \mathcal{F}f, g \rangle = \langle f, \mathcal{F}^* g \rangle$$

が成り立つことを示せ．

$\mathcal{F}^*$ は通常 $\mathcal{F}^{-1}$ と表され**フーリエ逆変換**とよばれる．その理由を次に説明しよう．

定理 2.3.3. 任意の $f \in \mathcal{S}(\mathbb{R})$ に対し，

$$\mathcal{F}^* \mathcal{F} f = f \quad (\textbf{フーリエの反転公式})$$

が成り立つ．

[**証明**] 証明を 4 段階に分ける．

(**Step 1**) ここでは，$\mathrm{supp}\, f \subset (-T/2, T/2)$ をみたす $T > 0$ が存在する場合を考える．まず，任意の $x \in \mathbb{R}$ を一つ固定する．次に，$|x| < T/2$ かつ $\mathrm{supp}\, f \subset (-T/2, T/2)$ をみたす十分大きな $T > 0$ を選び，f を周期 T の関数に拡張する．すなわち，$\widetilde{f}(x + nT) = f(x)$ $(x \in [-T/2, T/2], n \in \mathbb{Z})$ をあら

56　第 2 章　フーリエ変換

ためて f とおく．このとき，この f を周期 T の関数としてフーリエ級数展開
すると，

$$
\begin{aligned}
f(x) &= \sum_{n=-\infty}^{\infty} \left(\frac{1}{T} \int_{-T/2}^{T/2} f(y) e^{-2\pi i n y/T} \, dy \right) e^{2\pi i n x/T} \\
&= \sum_{n=-\infty}^{\infty} \frac{1}{T} \widehat{f}(n/T) e^{2\pi i n x/T} \\
&\to \int_{-\infty}^{\infty} \widehat{f}(\xi) e^{2\pi i x \xi} \, d\xi \quad (T \to \infty) \quad (\because \text{補題 2.3.2})
\end{aligned}
$$

が成り立つ．

(**Step 2**) 一般の場合を Step 1 で示したことに帰着させるために，

$$
0 \le c(x) \le 1 \quad (x \in \mathbb{R}), \quad c(x) = 1 \quad (|x| \le 1), \quad c(x) = 0 \quad (|x| \ge 2)
$$

をみたす関数 $c \in C^{\infty}(\mathbb{R})$ を考える．そして，一般の $f \in \mathcal{S}(\mathbb{R})$ に対し，$f_n(x) = c(x/n) f(x)$ とおく．このとき，$|x| \le n$ であれば，Step 1 から

$$
f(x) = f_n(x) = \int_{-\infty}^{\infty} \widehat{f_n}(\xi) e^{2\pi i x \xi} \, d\xi
$$

が成り立つことがわかる．

(**Step 3**) ここでは，

$$
\left\| \widehat{f} - \widehat{f_n} \right\|_1 \to 0 \quad (n \to \infty)
$$

を示す[*6]．そのためにルベーグの収束定理（定理 5.5.3）を用いる．以下しばら
く続く議論はその適用条件の確認である．まず，

$$
\left| \widehat{f}(\xi) - \widehat{f_n}(\xi) \right| = \left| \int_{-\infty}^{\infty} (f(x) - f_n(x)) e^{-2\pi i \xi x} \, dx \right|
$$
$$
\le \int_{-\infty}^{\infty} |f(x) - f_n(x)| \, dx
$$

[*6]　少々唐突な展開であるが，先に Step 4 を眺めるとこの Step 3 の意味がわかる．

$$\leq \int_{\mathbb{R} \setminus [-n,n]} |f(x)| \, dx$$

から

$$\left| \widehat{f}(\xi) - \widehat{f_n}(\xi) \right| \to 0 \quad (n \to \infty) \quad \text{かつ} \quad \left| \widehat{f}(\xi) - \widehat{f_n}(\xi) \right| \leq \|f\|_1$$

が成り立つことがわかる. さらに,

$$|2\pi i \xi|^2 \left| \widehat{f}(\xi) - \widehat{f_n}(\xi) \right| \leq M \quad (n \in \mathbb{N}, \, \xi \in \mathbb{R})$$

をみたす $M > 0$ が存在する. 実際, $\|f\|_\infty = \max_{x \in \mathbb{R}} |f(x)|$ とおけば,

$$|2\pi i \xi|^2 \left| \widehat{f}(\xi) - \widehat{f_n}(\xi) \right|$$

$$= \left| \int_{-\infty}^{\infty} (f''(x) - f_n''(x)) e^{-2\pi i \xi x} \, dx \right| \quad (\because \text{補題 2.3.1 の (i)})$$

$$\leq \int_{-\infty}^{\infty} |f''(x) - f_n''(x)| \, dx$$

$$= \int_{-\infty}^{\infty} \left| (1 - c(x/n))f''(x) - \frac{2}{n}c'(x/n)f'(x) - \frac{1}{n^2}c''(x/n)f(x) \right| \, dx$$

$$\leq \int_{-\infty}^{\infty} |f''(x)| \, dx + 2\|f'\|_\infty \int_{-\infty}^{\infty} |c'(x)| \, dx + \|f\|_\infty \int_{-\infty}^{\infty} |c''(x)| \, dx$$

が成り立つからである. 以上のことから

$$\lim_{n \to \infty} \left| \widehat{f}(\xi) - \widehat{f_n}(\xi) \right| = 0 \quad \text{かつ} \quad \left| \widehat{f}(\xi) - \widehat{f_n}(\xi) \right| \leq \frac{\|f\|_1 + M}{1 + 4\pi^2 \xi^2}$$

を得る. よって, ルベーグの収束定理により極限と積分の順序が交換できて,

$$\lim_{n \to \infty} \int_{-\infty}^{\infty} \left| \widehat{f}(\xi) - \widehat{f_n}(\xi) \right| \, d\xi = \int_{-\infty}^{\infty} \lim_{n \to \infty} \left| \widehat{f}(\xi) - \widehat{f_n}(\xi) \right| \, d\xi = 0$$

が成り立つ.

(**Step 4**) Step 2 と Step 3 により, 任意の $x \in \mathbb{R}$ に対し, n を $|x| \leq n$ となるようにとれば,

58　第2章　フーリエ変換

$$\left| \int_{-\infty}^{\infty} \widehat{f}(\xi) e^{2\pi i x \xi} \, d\xi - f(x) \right|$$

$$= \left| \int_{-\infty}^{\infty} \widehat{f}(\xi) e^{2\pi i x \xi} \, d\xi - \int_{-\infty}^{\infty} \widehat{f_n}(\xi) e^{2\pi i x \xi} \, d\xi \right|$$

$$\leq \left| \int_{-\infty}^{\infty} \left(\widehat{f}(\xi) - \widehat{f_n}(\xi) \right) e^{2\pi i x \xi} \, d\xi \right|$$

$$\leq \left\| \widehat{f} - \widehat{f_n} \right\|_1 \to 0 \quad (n \to \infty)$$

を得る．したがって，

$$f(x) = \int_{-\infty}^{\infty} \widehat{f}(\xi) e^{2\pi i x \xi} \, d\xi = (\mathcal{F}^* \mathcal{F} f)(x)$$

が成り立つ．　　　　　　　　　　　　　　　　　　　　　　　　　　□

問題 2.6

任意の $f \in \mathcal{S}(\mathbb{R})$ に対し，

$$\|\mathcal{F}f\| = \|f\| \quad (\textbf{プランシュレルの等式})$$

が成り立つことを示せ（ヒント：問題 2.5 とフーリエの反転公式（定理 2.3.3）
を組み合わせる）．

2.4　熱方程式 2

この節では，フーリエ変換を応用して $\mathcal{S}(\mathbb{R})$ 内で $\mathbb{R}$ 上の**熱方程式**

$$\frac{\partial u}{\partial t} = \frac{1}{2} \frac{\partial^2 u}{\partial x^2} \tag{2.4.1}$$

を解いてみよう．

ガウス核

まず，$t > 0$ をパラメータとしてもつ関数

$$G_t(x) = \frac{1}{\sqrt{2\pi t}} \exp\left(-\frac{x^2}{2t}\right)$$

を導入する．この関数は**ガウス核**とよばれる．例題 2.2.1 で示したことから，ガウス核は急減少関数であることがわかる．さらに，ガウス核のフーリエ変換は

$$\widehat{G_t}(\xi) = \exp(-2\pi^2\xi^2 t) \tag{2.4.2}$$

で与えられる．すなわち，定数倍の違いはあるが，ガウス核はフーリエ変換で不変である．この事実が示唆するように，ガウス核はフーリエ解析だけではなく数学全体で大変重要な関数である．さて，(2.4.2)は例題 2.2.4 から導くこともできるが，ここでは別な方法で(2.4.2)を導いてみよう．

例題 2.4.1. 次の手順でガウス核のフーリエ変換を求めよ．

(i) $\widehat{G_t}(0) = 1$ を示せ．

(ii) $\widehat{G_t}$ は微分方程式 $\dfrac{dy}{d\xi} = -4\pi^2\xi t y$ の解であることを示せ．

(iii) $\widehat{G_t}(\xi) = \exp(-2\pi^2\xi^2 t)$ を示せ．

（解答）

(i) 問題 2.4（2.2 節）で変数変換 $x = y/\sqrt{2t}$ を考えればよい．

(ii) フーリエ変換の定義に従い，直接計算して

$\dfrac{d}{d\xi}\widehat{G_t}(\xi)$

$$= \frac{d}{d\xi}\int_{-\infty}^{\infty} \frac{1}{\sqrt{2\pi t}} \exp\left(-\frac{x^2}{2t}\right) e^{-2\pi i\xi x}\, dx$$

$$= \int_{-\infty}^{\infty} \frac{\partial}{\partial\xi} \frac{1}{\sqrt{2\pi t}} \exp\left(-\frac{x^2}{2t}\right) e^{-2\pi i\xi x}\, dx \quad (\because \text{微分と積分の順序交換})$$

$$= \int_{-\infty}^{\infty} \frac{1}{\sqrt{2\pi t}} \exp\left(-\frac{x^2}{2t}\right)(-2\pi ix) e^{-2\pi i\xi x}\, dx$$

$$= \left[\frac{2\pi it}{\sqrt{2\pi t}} \exp\left(-\frac{x^2}{2t}\right) e^{-2\pi i\xi x}\right]_{-\infty}^{\infty}$$

$$\quad - \int_{-\infty}^{\infty} \frac{2\pi it}{\sqrt{2\pi t}} \exp\left(-\frac{x^2}{2t}\right)(-2\pi i\xi) e^{-2\pi i\xi x}\, dx$$

60　第 2 章　フーリエ変換

$$= -4\pi^2 \xi t \int_{-\infty}^{\infty} \frac{1}{\sqrt{2\pi t}} \exp\left(-\frac{x^2}{2t}\right) e^{-2\pi i \xi x} \, dx$$

$$= -4\pi^2 \xi t \widehat{G_t}(\xi)$$

を得る.

(iii)　(ii) の微分方程式の一般解は

$$y(\xi) = C \exp(-2\pi^2 \xi^2 t)$$

で与えられる. よって, 常微分方程式の初期値問題の解の一意性と (ii) により,

$$\widehat{G_t}(\xi) = \widehat{G_t}(0) \exp(-2\pi^2 \xi^2 t)$$

を得る. また, (i) により, $\widehat{G_t}(0) = 1$ である.

たたみ込み

次に, $f, g \in \mathcal{S}(\mathbb{R})$ に対し,

$$(f * g)(x) = \int_{-\infty}^{\infty} f(x - y) g(y) \, dy$$

と定め, これを f と g の**たたみ込み**という.

補題 2.4.2. 任意の $f, g \in \mathcal{S}(\mathbb{R})$ に対し,

(i)　$f * g \in \mathcal{S}(\mathbb{R})$,

(ii)　$(f * g)^\wedge(\xi) = \widehat{f}(\xi) \widehat{g}(\xi)$

が成り立つ.

[**証明**]　まず,

$$\lim_{|x| \to \infty} x^m \frac{d^n}{dx^n} (f * g)(x)$$

$$= \lim_{|x| \to \infty} x^m \frac{d^n}{dx^n} \int_{-\infty}^{\infty} f(x - y) g(y) \, dy$$

$$= \lim_{|x| \to \infty} \int_{-\infty}^{\infty} x^m \frac{d^n}{dx^n} f(x-y) g(y) \ dy \quad (\because \text{微分と積分の順序交換})$$

$$= \int_{-\infty}^{\infty} \lim_{x \to \infty} x^m \frac{d^n}{dx^n} f(x-y) g(y) \ dy \quad (\because \text{極限と積分の順序交換})$$

$$= 0$$

が成り立つ. このようにして, (i)が得られる. 次に,

$$(f * g)^{\wedge}(\xi)$$

$$= \int_{-\infty}^{\infty} \left(\int_{-\infty}^{\infty} f(x-y) g(y) \ dy \right) e^{-2\pi i \xi x} \ dx$$

$$= \int_{-\infty}^{\infty} \left(\int_{-\infty}^{\infty} f(x-y) g(y) \ dy \right) e^{-2\pi i \xi (x-y)} e^{-2\pi i \xi y} \ dx$$

$$= \int_{-\infty}^{\infty} \left(\int_{-\infty}^{\infty} f(x-y) e^{-2\pi i \xi (x-y)} \ dx \right) g(y) e^{-2\pi i \xi y} \ dy$$

$$\quad (\because \text{2重積分の順序交換})$$

$$= \int_{-\infty}^{\infty} \left(\int_{-\infty}^{\infty} f(x) e^{-2\pi i \xi x} \ dx \right) g(y) e^{-2\pi i \xi y} \ dy$$

$$= \int_{-\infty}^{\infty} \widehat{f}(\xi) g(y) e^{-2\pi i \xi y} \ dy$$

$$= \widehat{f}(\xi) \widehat{g}(\xi)$$

が成り立つ. このようにして, (ii)が得られる. □

熱方程式の解

さて, $f \in \mathcal{S}(\mathbb{R})$ を仮定し, 熱方程式(2.4.1)を初期条件

$$\lim_{t \downarrow 0} u(t, x) = f(x)$$

の下で解いてみよう. ここで, ↓ は単調に減少しながら近づくことを表す記号である. まず, 熱方程式(2.4.1)全体に形式的にフーリエ変換を施すと

$$\frac{\partial \widehat{u}}{\partial t} = -2\pi^2 \xi^2 \widehat{u}$$

62　第 2 章　フーリエ変換

が得られる．この右辺の微分方程式を解くと，初期条件により，

$$\widehat{u}(t,\xi) = C(\xi)\exp(-2\pi^2\xi^2 t)$$
$$= \widehat{f}(\xi)\exp(-2\pi^2\xi^2 t)$$

を得る．したがって，フーリエの反転公式（定理 2.3.3）と補題 2.4.2 により，

$$u(t,x) = \Bigl(\widehat{f}(\xi)\exp(-2\pi^2\xi^2 t)\Bigr)^{\vee}(x) \quad (\vee\text{ はフーリエ逆変換を表す})$$

$$= (f * G_t)(x)$$

$$= (G_t * f)(x)$$

$$= \int_{-\infty}^{\infty} \frac{1}{\sqrt{2\pi t}}\exp\left(-\frac{(x-y)^2}{2t}\right)f(y)\,dy$$

が成り立つ．ここで出てきた $G_t * f$ は補題 2.4.2 により $\mathcal{S}(\mathbb{R})$ の関数であり，さらに熱方程式

$$\frac{\partial u}{\partial t} = \frac{1}{2}\frac{\partial^2 u}{\partial x^2}$$

の解であることもわかる．最後に，$G_t * f$ が初期条件をみたすこと，すなわち，

$$(G_t * f)(x) \to f(x) \quad (t \downarrow 0)$$

が成り立つことを示そう．まず，$x \in \mathbb{R}$ を任意に選び固定する．次に，任意の $\varepsilon > 0$ に対し，$|f(x) - f(y)| < \varepsilon\ (|x - y| \le \delta)$ をみたす $\delta > 0$ をとり，

$$f(x) - (G_t * f)(x)$$

$$= \int_{-\infty}^{\infty} \frac{1}{\sqrt{2\pi t}}\exp\left(-\frac{(x-y)^2}{2t}\right)(f(x) - f(y))\,dy \quad (\because \text{ 例題 2.4.1 の (i)})$$

$$= \int_{\mathbb{R}\setminus[x-\delta,x+\delta]} + \int_{[x-\delta,x+\delta]} \frac{1}{\sqrt{2\pi t}}\exp\left(-\frac{(x-y)^2}{2t}\right)(f(x) - f(y))\,dy$$

$$= I + J$$

と分ける. このとき,

$$|J| \leq \int_{[x-\delta, x+\delta]} \frac{1}{\sqrt{2\pi t}} \exp\left(-\frac{(x-y)^2}{2t}\right) |f(x) - f(y)| \, dy$$

$$< \varepsilon \int_{-\infty}^{\infty} \frac{1}{\sqrt{2\pi t}} \exp\left(-\frac{(x-y)^2}{2t}\right) \, dy$$

$$= \varepsilon$$

が成り立つ. また, $\|f\|_\infty = \max_{x \in \mathbb{R}} |f(x)|$ とおけば,

$$I \leq 2 \int_{x+\delta}^{\infty} \frac{1}{\sqrt{2\pi t}} \exp\left(-\frac{(x-y)^2}{2t}\right) 2\|f\|_\infty \, dy$$

$$= \frac{4\|f\|_\infty}{\sqrt{\pi}} \int_{-\infty}^{-\delta/\sqrt{2t}} \exp(-s^2) \, ds$$

$$\to 0 \quad (t \downarrow 0)$$

が成り立つので, $I \to 0 \ (t \downarrow 0)$ が得られる. 以上のことから,

$$\lim_{t \downarrow 0} |f(x) - (G_t * f)(x)| \leq \lim_{t \downarrow 0} (|I| + |J|) \leq \varepsilon,$$

すなわち,

$$\lim_{t \downarrow 0} (G_t * f)(x) = f(x) \tag{2.4.3}$$

が成り立つことがわかった.

例題 2.4.3. 初期条件を f とする熱方程式 (2.4.1) の解を $T_t f$ と表す. すなわち,

$$(T_t f)(x) = (G_t * f)(x) \quad (t \geq 0)$$

と定める. このとき,

$$T_{s+t} f = T_s(T_t f) \quad (s, t \geq 0)$$

が成り立つことを示せ.

64　第 2 章　フーリエ変換

（**解答**）　まず，(2.4.2) と補題 2.4.2 により，

$$(T_t f)^\wedge(\xi) = (G_t * f)^\wedge(\xi) = \widehat{f}(\xi) \exp(-2\pi^2 \xi^2 t)$$

が成り立つことに注意しておこう．この等式により，

$$
\begin{aligned}
(T_{s+t} f)^\wedge(\xi) &= \widehat{f}(\xi) \exp(-2\pi^2 \xi^2 (s+t)) \\
&= \widehat{f}(\xi) \exp(-2\pi^2 \xi^2 t) \exp(-2\pi^2 \xi^2 s) \\
&= (T_t f)^\wedge(\xi) \exp(-2\pi^2 \xi^2 s) \\
&= (T_s(T_t f))^\wedge(\xi)
\end{aligned}
$$

が得られる．すなわち，$T_{s+t} f$ と $T_s(T_t f)$ のフーリエ変換が一致することがわかった．したがって，フーリエの反転公式（定理 2.3.3）により，

$$T_{s+t} f = T_s(T_t f) \quad (s, t \geq 0)$$

が成り立つ．

問題 2.7

次の手順でガウス核のフーリエ変換を求めよ．

(i)　$\alpha > 0$ のとき，$\displaystyle\int_{-\infty}^{\infty} e^{-\alpha x^2}\, dx = \sqrt{\dfrac{\pi}{\alpha}}$ を示せ．

(ii)　$\displaystyle\int_{-\infty}^{\infty} x^{2n} e^{-x^2}\, dx = \dfrac{1 \cdot 3 \cdot 5 \cdot \cdots \cdot (2n-1)}{2^n} \sqrt{\pi}$ を示せ（ヒント：(i) の等式を α で n 回微分する）．

(iii)　$e^{-2\pi i \xi x}$ のテイラー展開を用いて $\widehat{G_t}(\xi) = \exp(-2\pi^2 \xi^2 t)$ を示せ[*7]．

─────────────

[*7]　項別積分定理（系 5.5.10）を参照せよ．

2.5 L^2 関数のフーリエ変換

この節ではルベーグ積分論の結果を使おう. まず, 扱う関数はすべてルベーグ可測関数とし,

$$L^2(\mathbb{R}) = \left\{ f : \int_{-\infty}^{\infty} |f(x)|^2 \, dx < \infty \right\}$$

と定める. また,

$$\|f\| = \left(\int_{-\infty}^{\infty} |f(x)|^2 \, dx \right)^{1/2}, \quad \langle f, g \rangle = \int_{-\infty}^{\infty} f(x)\overline{g(x)} \, dx$$

と定めれば, 1.6 節と同様に $L^2(\mathbb{R})$ はベクトル空間であり,

(i) $|\langle f, g \rangle| \leq \|f\|\|g\|$ (**コーシー・シュワルツの不等式**),

(ii) $\|f + g\| \leq \|f\| + \|g\|$ (**三角不等式**)

が成り立つ. さらに, 以下では次の二つの事実を認めて話を進める.

> ──────── $\mathcal{S}(\mathbb{R})$ **の** $L^2(\mathbb{R})$ **の中での稠密性** ────────
>
> 任意の $f \in L^2(\mathbb{R})$ に対し, $\|f_n - f\| \to 0 \ (n \to \infty)$ をみたす $\mathcal{S}(\mathbb{R})$ 内の関数列 $\{f_n\}_{n \geq 1}$ が存在する. すなわち, L^2-ノルムで計って, $L^2(\mathbb{R})$ の関数は $\mathcal{S}(\mathbb{R})$ の関数により任意の精度で近似できる.

$L^2(\mathbb{R})$ 内の関数列 $\{f_n\}_{n \geq 1}$ が $\|f_m - f_n\| \to 0 \ (m, n \to \infty)$ をみたすとき, $\{f_n\}_{n \geq 1}$ は**コーシー列**とよばれる. また, $\|f_n - f\| \to 0 \ (n \to \infty)$ をみたす $f \in L^2(\mathbb{R})$ が存在するとき, $\{f_n\}_{n \geq 1}$ は収束するという.

問題 2.8

$L^2(\mathbb{R})$ 内の関数列 $\{f_n\}_{n \geq 1}$ が収束するとき, $\{f_n\}_{n \geq 1}$ はコーシー列であることを示せ.

> ──────── $L^2(\mathbb{R})$ **の完備性** ────────
>
> $L^2(\mathbb{R})$ 内のコーシー列は収束する. これを $L^2(\mathbb{R})$ の**完備性**という.

66 第2章 フーリエ変換

さて，L^2 関数のフーリエ変換を定めるには少々工夫がいる．関数 $f \in L^2(\mathbb{R})$ に対し，フーリエ積分

$$\int_{-\infty}^{\infty} f(x) e^{-2\pi i \xi x}\, dx$$

がいつでも定まるとは限らないからである．しかし，フーリエ変換の意味を少々変更することにより，L^2 関数のフーリエ変換を定めることができる．必要な事実はプランシュレルの等式，$\mathcal{S}(\mathbb{R})$ の $L^2(\mathbb{R})$ の中での稠密性，そして $L^2(\mathbb{R})$ の完備性である．L^2 関数に対するフーリエ変換は次の手順により定義される．

(1) $\mathcal{S}(\mathbb{R})$ の $L^2(\mathbb{R})$ の中での稠密性から，任意の $f \in L^2(\mathbb{R})$ に対し，$\|f_n - f\| \to 0 \ (n \to \infty)$ をみたす $\mathcal{S}(\mathbb{R})$ 内の関数列 $\{f_n\}_{n \geq 1}$ を選ぶことができる．

(2) (1) で選んだ関数列 $\{f_n\}_{n \geq 1}$ はコーシー列である．すなわち，$\|f_n - f_m\| \to 0 \ (n, m \to \infty)$ が成り立つ．

(3) プランシュレルの等式により $\{\mathcal{F}f_n\}_{n \geq 1}$ もコーシー列である．

(4) $L^2(\mathbb{R})$ の完備性により，$\|\mathcal{F}f_n - F\| \to 0 \ (n \to \infty)$ をみたす $F \in L^2(\mathbb{R})$ が存在する．この F を f のフーリエ変換 $\mathcal{F}f$ と定める．f のフーリエ逆変換 $\mathcal{F}^* f$ の定め方も同様である．

問題 2.9

上の手順を参考に，$\mathcal{S}(\mathbb{R})$ 内の関数列 $\{f_n\}_{n \geq 1}$ の選び方によらず，f のフーリエ変換 $\mathcal{F}f$ が定まることを示せ（ヒント：$\{g_n\}_{n \geq 1}$ も (1) の意味で f を近似する $\mathcal{S}(\mathbb{R})$ 内の関数列とすれば，$\|\mathcal{F}f_n - \mathcal{F}g_n\| \to 0 \ (n \to \infty)$ が成り立つことを示す）．

定理 2.5.1. フーリエ変換 $\mathcal{F}$ は $L^2(\mathbb{R})$ から $L^2(\mathbb{R})$ への線形写像であり，さらに任意の $f \in L^2(\mathbb{R})$ に対し，

(i) $\mathcal{F}^* \mathcal{F} f = f$ （**フーリエの反転公式**），

(ii) $\|\mathcal{F}f\| = \|f\|$ （**プランシュレルの等式**）

が成り立つ．

2.5 L^2 関数のフーリエ変換 **67**

[**証明**] フーリエ変換 $\mathcal{F} : \mathcal{S}(\mathbb{R}) \to \mathcal{S}(\mathbb{R})$ の線形性と極限の線形性から，フーリエ変換 $\mathcal{F} : L^2(\mathbb{R}) \to L^2(\mathbb{R})$ の線形性がわかる．(i) の $\mathcal{F}^*\mathcal{F}f = f$ を示そう．任意の $f \in L^2(\mathbb{R})$ に対し，$\|f_n - f\| \to 0 \; (n \to \infty)$ をみたす $\mathcal{S}(\mathbb{R})$ 内の関数列 $\{f_n\}_{n \geq 1}$ を選べば，f のフーリエ変換の定め方から

$$\|\mathcal{F}f_n - \mathcal{F}f\| \to 0 \quad (n \to \infty)$$

が成り立つ．さらに，L^2 関数のフーリエ逆変換の定め方から

$$\|\mathcal{F}^*\mathcal{F}f_n - \mathcal{F}^*\mathcal{F}f\| \to 0 \quad (n \to \infty)$$

となる．$\mathcal{S}(\mathbb{R})$ の関数に対しフーリエの反転公式が成り立つことは定理 2.3.3 で示してあるので，

$$\|\mathcal{F}^*\mathcal{F}f - f\| \leq \|\mathcal{F}^*\mathcal{F}f - \mathcal{F}^*\mathcal{F}f_n\| + \|\mathcal{F}^*\mathcal{F}f_n - f\| \quad (\because \text{三角不等式})$$

$$= \|\mathcal{F}^*\mathcal{F}f - \mathcal{F}^*\mathcal{F}f_n\| + \|f_n - f\| \quad (\because \text{定理 2.3.3})$$

$$\to 0 \quad (n \to \infty)$$

を得る．よって，$\mathcal{F}^*\mathcal{F}f = f$ が成り立つことがわかった[8]．(ii) も同様にして示すことができる． □

プランシュレルの等式の応用

例題 2.5.2. 任意の $f, g \in L^2(\mathbb{R})$ に対し，

$$\langle \mathcal{F}f, \mathcal{F}g \rangle = \langle f, g \rangle$$

が成り立つことを示せ．

（**解答**） 定理 2.5.1 の証明のように，f と g を近似する $\mathcal{S}(\mathbb{R})$ 内の関数列を考え，問題 2.5（2.3 節）に帰着させてもよいが，ここでは，フーリエ変換の線形

―――――――――――――

[8] これは L^2 関数の定義に関わることであるが，$f \in L^2(\mathbb{R})$ に対し，$\|f\| = 0$ のとき，L^2 関数として $f = 0$ とみなす．したがって，この (i) の結論は L^2 関数としての等式である．例題 5.4.7 を参照せよ．

68　第2章　フーリエ変換

性とプランシュレルの等式を使って証明しよう．まず，

$$\frac{1}{4}\left\{\left(\|f+g\|^2 - \|f-g\|^2\right) + i\left(\|f+ig\|^2 - \|f-ig\|^2\right)\right\} = \langle f,g \rangle$$

が成り立つ．これを極化等式とよぶ．この極化等式を $\mathcal{F}f$ と $\mathcal{F}g$ に用いれば，フーリエ変換の線形性とプランシュレルの等式により，

$$\langle \mathcal{F}f, \mathcal{F}g \rangle = \langle f, g \rangle$$

が成り立つことがわかる．

　ルベーグ積分論の意味で $\mathbb{R}$ 上可積分な関数の全体を $L^1(\mathbb{R})$ と表す．すなわち，

$$L^1(\mathbb{R}) = \left\{ f : \int_{-\infty}^{\infty} |f(x)|\, dx < \infty \right\}$$

とおく．さて，これまでの議論に従えば，関数 $f \in L^1(\mathbb{R}) \cap L^2(\mathbb{R})$ に対し，二通りのフーリエ変換 $\widehat{f}$ と $\mathcal{F}f$ が存在することになってしまう．しかし，**ほとんどすべての** $\xi \in \mathbb{R}$ に対し，$\widehat{f}(\xi) = (\mathcal{F}f)(\xi)$ が成り立つ[*9]．したがって，この場合に L^1 と L^2 の二つのフーリエ変換を区別する必要はない．特に，具体的な関数 $f \in L^1(\mathbb{R}) \cap L^2(\mathbb{R})$ に対し，$\widehat{f} \in L^1(\mathbb{R}) \cap L^2(\mathbb{R})$ が確認できれば，プランシュレルの等式は

$$\int_{-\infty}^{\infty} \left| \widehat{f}(\xi) \right|^2 d\xi = \int_{-\infty}^{\infty} \overline{\widehat{f}(\xi)} \widehat{f}(\xi)\, d\xi$$

$$= \int_{-\infty}^{\infty} \overline{\widehat{f}(\xi)} \left(\int_{-\infty}^{\infty} f(x) e^{-2\pi i \xi x}\, dx \right) d\xi$$

$$= \int_{-\infty}^{\infty} f(x) \left(\overline{\int_{-\infty}^{\infty} \widehat{f}(\xi) e^{2\pi i \xi x}\, d\xi} \right) dx$$

$$= \int_{-\infty}^{\infty} f(x) \overline{f(x)}\, dx$$

$$= \int_{-\infty}^{\infty} |f(x)|^2\, dx$$

[*9]　詳しくは伊藤[8] の 224 ページにある補助定理 2 の周辺を参照せよ．

2.5 L^2 関数のフーリエ変換 69

と簡単に導くことができる.

例題 2.5.3. $f(x) = e^{-|x|}$ に対し,プランシュレルの等式を応用し,積分

$$\int_{-\infty}^{\infty} \frac{1}{(x^2+1)^2}$$

の値を求めよ.

(**解答**) 例題 2.1.2 において,$f(x) = e^{-|x|}$ に対し,

$$\widehat{f}(\xi) = \frac{2}{1 + 4\pi^2 \xi^2}$$

を示した.ここに,プランシュレルの等式を適用すると,

$$\begin{aligned}
\int_{-\infty}^{\infty} \frac{4}{(1+4\pi^2\xi^2)^2} \, d\xi &= \int_{-\infty}^{\infty} \left| \widehat{f}(\xi) \right|^2 \, d\xi \\
&= \int_{-\infty}^{\infty} |f(x)|^2 \, dx \\
&= \int_{-\infty}^{\infty} e^{-2|x|} \, dx \\
&= 2 \int_0^{\infty} e^{-2x} \, dx \\
&= [-e^{-2x}]_0^{\infty} \\
&= 1
\end{aligned}$$

が成り立つ.ここから,

$$\int_{-\infty}^{\infty} \frac{1}{(x^2+1)^2} = \frac{\pi}{2}$$

が得られる.

例題 2.5.4. $f(x) = \chi_{[-1,1]}(x)$ に対し,プランシュレルの等式を応用し,積分

$$\int_{-\infty}^{\infty} \frac{\sin^2 x}{x^2} \, dx$$

70　第 2 章　フーリエ変換

の値を求めよ.

(**解答**)　例題 2.1.3 において,

$$f(x) = \chi_{[-1,1]}(x) = \begin{cases} 1 & (x \in [-1, 1]) \\ 0 & (x \notin [-1, 1]) \end{cases}$$

に対し,

$$\widehat{f}(\xi) = \frac{\sin(2\pi\xi)}{\pi\xi}$$

を示した. この $\widehat{f}$ は $L^1(\mathbb{R})$ の関数ではないが, 前述の注意によりプランシュレルの等式が適用できる. よって,

$$\begin{aligned}
\int_{-\infty}^{\infty} \left(\frac{\sin(2\pi\xi)}{\pi\xi} \right)^2 d\xi &= \int_{-\infty}^{\infty} \left| \widehat{f}(\xi) \right|^2 d\xi \\
&= \int_{-\infty}^{\infty} |f(x)|^2 \, dx \\
&= \int_{-1}^{1} 1 \, dx \\
&= 2
\end{aligned}$$

が成り立つ. ここから,

$$\int_{-\infty}^{\infty} \frac{\sin^2 x}{x^2} \, dx = \pi$$

が得られる.

問題 2.10

　問題 2.1 (2.1 節) の関数にプランシュレルの等式を適用すると何が得られるか?

各点での反転公式

この節の最後に，補足 1.3.4 と同様に f が $\mathcal{S}(\mathbb{R})$ の関数でなくてもほどほどに振る舞いがよければ，各点での反転公式

$$f(x_0) = \lim_{N \to \infty} \int_{-N}^{N} \widehat{f}(\xi) e^{2\pi i x_0 \xi} \, d\xi \tag{2.5.1}$$

が成り立つことを注意しておこう．例えば，この意味で，

$$\chi_{[-1,1]}(x_0) = \int_{-\infty}^{\infty} \frac{\sin(2\pi\xi)}{\pi\xi} e^{2\pi i x_0 \xi} \, d\xi \quad (x_0 \neq \pm 1)$$

$$e^{-|x_0|} = \int_{-\infty}^{\infty} \frac{2}{1 + 4\pi^2\xi^2} e^{2\pi i x_0 \xi} \, d\xi \quad (x_0 \neq 0)$$

が成り立つ．以下では公式 (2.5.1) が成り立つ仕組みを解説しよう．まず，(2.5.1) の右辺にある積分は

$$\begin{aligned}
\int_{-N}^{N} \widehat{f}(\xi) e^{2\pi i x_0 \xi} \, d\xi &= \int_{-N}^{N} \left(\int_{-\infty}^{\infty} f(x) e^{-2\pi i \xi x} \, dx \right) e^{2\pi i x_0 \xi} \, d\xi \\
&= \int_{-\infty}^{\infty} f(x) \left(\int_{-N}^{N} e^{-2\pi i (x - x_0)\xi} \, d\xi \right) dx \\
&= \int_{-\infty}^{\infty} f(x) \frac{\sin(2\pi N(x - x_0))}{\pi(x - x_0)} \, dx \\
&= \int_{-\infty}^{\infty} f(x_0 + y) \frac{\sin(2\pi N y)}{\pi y} \, dy
\end{aligned}$$

と変形できる．次に

$$\lim_{R \to \infty} \int_{-R}^{R} \frac{\sin x}{x} \, dx = \pi$$

に注意すると，

$$\int_{-N}^{N} \widehat{f}(\xi) e^{2\pi i x_0 \xi} \, d\xi - f(x_0) = \int_{-\infty}^{\infty} \frac{f(x_0 + y) - f(x_0)}{\pi y} \sin(2\pi N y) \, dy \tag{2.5.2}$$

72 第2章 フーリエ変換

が成り立つ. ここで, 例えば, $f(y)$ が $y = x_0$ で微分可能かつ $f(x_0 + y)/y$ が 0 の近傍を除いた範囲で L^1 程度であれば, $N \to \infty$ のとき (2.5.2) の右辺が 0 に収束し, (2.5.1) が成り立つことがわかる. これを示すために次を準備する.

定理 2.5.5 (リーマン・ルベーグの補題). 任意の $f \in L^1(\mathbb{R})$ に対し,

$$\widehat{f}(\xi) \to 0 \quad (|\xi| \to \infty)$$

が成り立つ.

[証明] まず, $L^2(\mathbb{R})$ の場合と同様に, $\mathcal{S}(\mathbb{R})$ は $L^1(\mathbb{R})$ の中でも稠密性である. よって, 任意の $\varepsilon > 0$ に対し, $\|f - g\|_1 < \varepsilon$ をみたす $g \in \mathcal{S}(\mathbb{R})$ が存在する. この ε と g に対し, 補題 2.3.1 により $\widehat{g}(\xi) \in \mathcal{S}(\mathbb{R})$ であるから, $|\widehat{g}(\xi)| < \varepsilon \ (|\xi| > R)$ をみたす $R > 0$ を選ぶことができる. したがって, $|\xi| > R$ のとき, (2.2.2) により,

$$\left| \widehat{f}(\xi) \right| \leq \left| \widehat{f}(\xi) - \widehat{g}(\xi) \right| + |\widehat{g}(\xi)| \leq \|f - g\|_1 + |\widehat{g}(\xi)| < 2\varepsilon$$

が成り立つ. □

では, $N \to \infty$ のとき (2.5.2) が 0 に収束することを示そう. まず, リーマン・ルベーグの補題 (定理 2.5.5) により,

$$\int_{-\infty}^{\infty} \chi_{(-1,1)}(y) \frac{f(x_0 + y) - f(x_0)}{\pi y} \sin(2\pi Ny) \, dy \to 0 \quad (N \to \infty)$$

$$\int_{-\infty}^{\infty} \chi_{(-1,1)^c}(y) \frac{f(x_0 + y)}{\pi y} \sin(2\pi Ny) \, dy \to 0 \quad (N \to \infty)$$

が成り立つ. さらに,

$$\lim_{N \to \infty} \int_{-N}^{N} \frac{\sin x}{x} \, dx$$

は収束するので,

$$\int_{-\infty}^{-1} + \int_{1}^{\infty} \frac{f(x_0)}{\pi y} \sin(2\pi N y) \, dy$$

$$= \int_{-\infty}^{-N} + \int_{N}^{\infty} \frac{f(x_0)}{\pi z} \sin(2\pi z) \, dz \to 0 \quad (N \to \infty)$$

が成り立つ．以上のことから，(2.5.2)が 0 に収束することがわかった．この議論を<u>おおらかに</u>解釈すれば，

$$f(x_0) = \int_{-\infty}^{\infty} \widehat{f}(\xi) e^{2\pi i x_0 \xi} \, d\xi$$

$$= \int_{-\infty}^{\infty} \left(\int_{-\infty}^{\infty} f(x) e^{-2\pi i \xi x} \, dx \right) e^{2\pi i x_0 \xi} \, d\xi$$

$$= \int_{-\infty}^{\infty} f(x) \left(\int_{-\infty}^{\infty} e^{-2\pi i (x - x_0)\xi} \, d\xi \right) dx$$

$$= \int_{-\infty}^{\infty} f(x) \widehat{1}(x - x_0) \, dx$$

と考えたことになっている．

ここでディラックの**デルタ関数**を紹介しよう．デルタ関数 δ は，形式的にではあるが，

$$f(x_0) = \int_{-\infty}^{\infty} f(x)\delta(x - x_0) \, dx$$

をみたす関数として定義される．この δ は普通の意味の関数ではないが，関数の極限として扱うことができる．例えば，G_t をガウス核とした場合に，(2.4.3)で

$$\lim_{t \downarrow 0} \int_{-\infty}^{\infty} f(x) G_t(x - x_0) \, dx = f(x_0)$$

が成り立つことを示した．この意味で $G_t \to \delta$ $(t \downarrow 0)$ と考えてよい．ここから超関数の理論が始まる．$\widehat{1}$ も普通の意味では定義されないが，デルタ関数を用いるとフーリエの反転公式を次のように簡潔に表現することができる[10]．

---

[10] この公式は学生のときに友人に教えてもらったが，当時は理解できなかった．このように考える大胆さがなかったのである．

74　第2章　フーリエ変換

$$\boxed{\widehat{1} = \delta}$$

2.6　正則フーリエ変換

この節では，$L^2(\mathbb{R})$ の関数に対し積分の範囲が制限されたフーリエ積分を考え，その積分と正則関数との関連を与える.

ハーディ関数

この小節内では，$[0, \infty)$ で定義された関数 f を考える．その上で，

$$L^2([0, \infty)) = \left\{ f : \int_0^\infty |f(t)|^2 \, dt < \infty \right\}$$

と定める．次に，複素平面 $\mathbb{C}$ 内の開上半平面を $\mathbb{H}$ と表す．すなわち，$\mathbb{H} = \{z \in \mathbb{C} : \operatorname{Im} z > 0\}$ とおく．このとき，任意の $f \in L^2([0, \infty))$ に対し，

$$F(z) = \int_0^\infty f(t)e^{2\pi izt} \, dt \quad (z \in \mathbb{H}) \tag{2.6.1}$$

と定める．ここで，(2.6.1)の積分は収束する．実際，コーシー・シュワルツの不等式により，

$$\int_0^\infty |f(t)e^{2\pi izt}| \, dt \leq \left(\int_0^\infty |f(t)|^2 \, dt \right)^{1/2} \left(\int_0^\infty |e^{2\pi izt}|^2 \, dt \right)^{1/2}$$

$$= \left(\int_0^\infty |f(t)|^2 \, dt \right)^{1/2} \left(\int_0^\infty e^{-4\pi(\operatorname{Im} z)t} \, dt \right)^{1/2}$$

$$< \infty$$

が成り立つからである．この F が $\mathbb{H}$ で正則であることを以下で確認しておこう．まず，$z = x + iy$ と表すとき，

$$e^{2\pi izt} = e^{-2\pi yt} \cos(2\pi xt) + ie^{-2\pi yt} \sin(2\pi xt)$$

が成り立つ．このとき，微分と積分の順序が交換でき，

$$\frac{\partial}{\partial x} \int_0^\infty f(t) e^{-2\pi yt} \cos(2\pi xt) \, dt = \int_0^\infty f(t) \frac{\partial}{\partial x} e^{-2\pi yt} \cos(2\pi xt) \, dt$$

$$\frac{\partial}{\partial y} \int_0^\infty f(t) e^{-2\pi yt} \cos(2\pi xt) \, dt = \int_0^\infty f(t) \frac{\partial}{\partial y} e^{-2\pi yt} \cos(2\pi xt) \, dt$$

などが成り立つ. このようにして, F に対しコーシー・リーマンの関係式が成り立つことがわかる. よって, F は $\mathbb{H}$ で正則である.

例題 2.6.1. 次の問いに答えよ.

(i) $z \in \mathbb{H}$ に対し,

$$e_z(t) = \begin{cases} e^{-2\pi i \bar{z} t} & (t \geq 0) \\ 0 & (t < 0) \end{cases}$$

と定める. このとき, $\mathcal{F}^* e_z$ を求めよ.

(ii) 任意の $f \in L^2([0, \infty))$ に対し, 記号の濫用気味であるが, (2.6.1)にもとづいて $F = \mathcal{F}^* f$ と表すことにしよう. この F に対し, $F \in L^2(\mathbb{R})$ であることに注意して,

$$F(z) = \frac{1}{2\pi i} \int_{-\infty}^\infty \frac{F(x)}{x - z} \, dx$$

が成り立つことを示せ[*11].

(**解答**) (i) $\mathrm{Im}\, z > 0$ であるから,

$$\begin{aligned} (\mathcal{F}^* e_z)(x) &= \int_0^\infty e^{-2\pi i \bar{z} t} e^{2\pi i x t} \, dt \\ &= \left[\frac{1}{2\pi i (x - \bar{z})} e^{2\pi i (x - \bar{z}) t} \right]_0^\infty \\ &= \frac{-1}{2\pi i (x - \bar{z})} \end{aligned}$$

が成り立つ.

[*11] コーシーの積分公式との類似に注目せよ.

76   第 2 章　フーリエ変換

(ii)　$\mathcal{F}^*$ に関して例題 2.5.2 と同じことが成り立つので，

$$
\begin{aligned}
F(z) &= \int_0^\infty f(t)e^{2\pi izt}\,dt \\
&= \int_0^\infty f(t)\overline{e^{-2\pi i\bar{z}t}}\,dt \\
&= \int_{-\infty}^\infty (\mathcal{F}^*f)(x)\overline{(\mathcal{F}^*e_z)(x)}\,dx \\
&= \frac{1}{2\pi i}\int_{-\infty}^\infty \frac{F(x)}{x-z}\,dx
\end{aligned}
$$

を得る．

ペイリー・ウィーナー関数

この小節内では，$a > 0$ とし，$(-a,a)$ で定義された関数 f を考える．その上で，

$$
L^2((-a,a)) = \left\{ f : \int_{-a}^a |f(x)|^2\,dx < \infty \right\}
$$

と定める．また，任意の $f \in L^2((-a,a))$ に対し，$(-a,a)$ の外では $f = 0$ とおいて，$L^2((-a,a)) \subset L^2(\mathbb{R})$ とみなす．この約束の下，任意の $f \in L^2((-a,a))$ に対し，

$$
F(z) = \int_{-a}^a f(x)e^{-izx}\,dx \quad (z \in \mathbb{C}) \tag{2.6.2}
$$

と定める．先の $(2.6.1)$ とこの $(2.6.2)$ とでは，指数部分が異なることに注意しよう．まず，指数関数の原点を中心としたべき級数展開を考え，$(2.6.2)$ の右辺の積分を

$$
\int_{-a}^a f(x)e^{-izx}\,dx = \int_{-a}^a f(x)\left(\sum_{n=0}^\infty \frac{(-ix)^n}{n!}z^n \right)dx
$$

とみる．このとき，積分と無限和の順序交換ができ，

$$\int_{-a}^{a} f(x)\left(\sum_{n=0}^{\infty} \frac{(-ix)^n}{n!}z^n\right)dx = \sum_{n=0}^{\infty} \frac{(-i)^n}{n!}\left(\int_{-a}^{a} x^n f(x)\ dx\right)z^n \quad (2.6.3)$$

が成り立つ. さらに, コーシー・シュワルツの不等式により,

$$\sum_{n=0}^{\infty}\left|\frac{(-i)^n}{n!}\right|\left(\int_{-a}^{a}|x^n f(x)|\ dx\right)|z^n|$$

$$\leq \sum_{n=0}^{\infty}\frac{1}{n!}\|f\|\left(\int_{-a}^{a} x^{2n}\ dx\right)^{1/2}|z|^n$$

$$\leq \sum_{n=0}^{\infty}\frac{1}{n!}\|f\|\left(\frac{2a^{2n+1}}{2n+1}\right)^{1/2}|z|^n$$

$$< +\infty$$

が成り立つ[*12]. この議論により, (2.6.3)の右辺は z のべき級数として $\mathbb{C}$ 全体で広義一様収束することがわかる[*13]. よって, F は整関数である[*14].

例題 2.6.2. 任意の $f \in L^2((-a,a))$ に対し,

$$F(z) = \int_{-a}^{a} f(x)e^{-izx}\ dx \quad (z \in \mathbb{C})$$

と定める. この F に対し,

$$|F(z)| \leq Me^{a|z|} \quad (z \in \mathbb{C})$$

をみたす定数 $M > 0$ が存在することを示せ.

(解答) まず,

[*12] 項別積分定理 (系 5.5.10) も参照せよ.

[*13] $D_R = \{z \in \mathbb{C} : |z| < R\}$ で定義されている関数列 $\{f_n\}_{n\geq 1}$ を考える. 任意の $0 < r < R$ に対し, $\{f_n\}_{n\geq 1}$ が $\{z \in \mathbb{C} : |z| \leq r\}$ 上で一様収束するとき, $\{f_n\}_{n\geq 1}$ は D_R 上**広義一様収束**するという. 特に, 各 f_n が D_R 上の正則関数であれば, その極限 $\lim_{n\to\infty} f_n$ も D_R 上の正則関数である.

[*14] 複素平面全体で正則な関数は**整関数**とよばれる.

78 第2章 フーリエ変換

$$|F(z)| = \left| \int_{-a}^{a} f(x)e^{-izx} \, dx \right| \le \int_{-a}^{a} |f(x)e^{-izx}| \, dx$$

が成り立つ. ここで, 任意の $x \in [-a, a]$ に対し,

$$|e^{-izx}| = e^{(\operatorname{Im} z)x} \le e^{a|z|}$$

が成り立つので, コーシー・シュワルツの不等式を用いて,

$$\begin{aligned}
|F(z)| &\le \int_{-a}^{a} |f(x)e^{-izx}| \, dx \\
&\le \int_{-a}^{a} |f(x)|e^{a|z|} \, dx \\
&\le \left(\int_{-a}^{a} 1^2 \, dx \right)^{1/2} \left(\int_{-a}^{a} |f(x)|^2 \, dx \right)^{1/2} e^{a|z|} \\
&\le (2a)^{1/2} \|f\| e^{a|z|}
\end{aligned}$$

を得る.

次の定理は一般にシャノンのサンプリング定理として知られる[*15].

定理 2.6.3. 任意の $f \in L^2((-a, a))$ に対し,

$$F(z) = \int_{-a}^{a} f(x)e^{-izx} \, dx \quad (z \in \mathbb{C})$$

と定める. このとき,

$$F(z) = \sum_{n=-\infty}^{\infty} F\left(\frac{\pi n}{a} \right) \frac{\sin(az - \pi n)}{az - \pi n} \quad (z \in \mathbb{C})$$

が成り立つ. また, 右辺の級数は絶対かつ広義一様に収束する.

[**証明**] まず,

[*15] 実は数学と工学それぞれの分野で複数の人たちが独立に発見していたようである. 詳細については, 田中[25] を参照せよ.

$$e_z(x) = e^{i\overline{z}x} \quad (x \in (-a, a))$$

と定める. 今, f と e_z は $(-a, a)$ の上だけで考えているので, この二つの関数を周期 $2a$ の関数に拡張することができる. このとき, 周期 $2a$ の関数に対するパーセヴァルの等式により,

$$F(z) = \int_{-a}^{a} f(x)\overline{e_z(x)}\ dx = 2a \sum_{n=-\infty}^{\infty} \widehat{f}(n)\overline{\widehat{e_z}(n)}$$

が成り立つ. ここで, $\widehat{f}(n), \widehat{e_z}(n)$ は周期 $2a$ の関数 f, e_z のフーリエ係数を表す. さて, F の定め方から,

$$\widehat{f}(n) = \frac{1}{2a} \int_{-a}^{a} f(x)e^{-2\pi inx/(2a)}\ dx = \frac{1}{2a}F\Big(\frac{\pi n}{a}\Big)$$

である. また, 例題 2.1.3 と同様に計算して,

$$\begin{aligned}
\widehat{e_z}(n) &= \frac{1}{2a} \int_{-a}^{a} e_z(x)e^{-2\pi inx/(2a)}\ dx \\
&= \frac{1}{2a} \int_{-a}^{a} e^{i(\overline{z}-\pi n/a)x}\ dx \\
&= \frac{\sin(a\overline{z} - \pi n)}{a\overline{z} - \pi n}
\end{aligned}$$

を得る. よって, 任意の $z \in \mathbb{C}$ に対し,

$$F(z) = \sum_{n=-\infty}^{\infty} F\Big(\frac{\pi n}{a}\Big)\frac{\sin(az - \pi n)}{az - \pi n}$$

が成り立つ. さらに, 任意の $R > 0$ を一つ固定する. このとき,

$$|\sin(az - \pi n)| = |\sin az| \le M \quad (|z| \le R)$$

となる $M > 0$ と十分大きな $N \in \mathbb{N}$ をとっておけば,

$$\sum_{|n|\ge N} \left| F\Big(\frac{\pi n}{a}\Big)\frac{\sin(az - \pi n)}{az - \pi n} \right|$$

80　第 2 章　フーリエ変換

$$\leq \sum_{|n|\geq N} \left|2a\widehat{f}(n)\right| \frac{M}{\pi|n|-aR}$$

$$\leq 2aM \left(\sum_{|n|\geq N} |\widehat{f}(n)|^2\right)^{1/2} \left(\sum_{|n|\geq N} \frac{1}{(\pi|n|-aR)^2}\right)^{1/2}$$

$$\to 0 \quad (N \to \infty)$$

が成り立つ. よって,

$$\sum_{n=-\infty}^{\infty} F\left(\frac{\pi n}{a}\right)\frac{\sin(az-\pi n)}{az-\pi n}$$

は絶対かつ広義一様に収束する. □

例題 2.6.4. 任意の $f \in L^2((-a,a))$ に対し,

$$F(z) = \int_{-a}^{a} f(x)e^{-izx}\,dx \quad (z \in \mathbb{C})$$

と定める. この F に対し,

$$F(z) = \int_{-\infty}^{\infty} F(t)\frac{\sin a(t-z)}{\pi(t-z)}\,dt \quad (z \in \mathbb{C})$$

が成り立つことを示せ.

（**解答**）　まず, $\mathbb{R}$ 全体で定義された関数 e_z を

$$e_z(x) = \begin{cases} e^{i\bar{z}x} & (x \in (-a,a)) \\ 0 & (\text{その他}) \end{cases}$$

と定める. このとき, 例題 2.5.2 で示したことにより

$$\int_{-\infty}^{\infty} F(t) \frac{\sin a(t-z)}{\pi(t-z)} \, dt = \int_{-\infty}^{\infty} (\mathcal{F}f)\left(\frac{t}{2\pi}\right) \overline{\frac{1}{2\pi}(\mathcal{F}e_z)\left(\frac{t}{2\pi}\right)} \, dt$$

$$= \int_{-\infty}^{\infty} (\mathcal{F}f)(s)\overline{(\mathcal{F}e_z)(s)} \, ds$$

$$= \int_{-\infty}^{\infty} f(x)\overline{e_z(x)} \, dx$$

$$= \int_{-\infty}^{\infty} f(x)e^{-izx} \, dx$$

$$= F(z)$$

が成り立つ.

3

第 3 章

ラプラス変換と z 変換

3.1 ラプラス変換

この章の中では工学での習慣に合わせて虚数単位を j とし，フーリエ変換を

$$(\mathcal{F}f)(\omega) = \int_{-\infty}^{\infty} f(x)e^{-j\omega x}\ dx$$

と定義する．このとき，フーリエ逆変換は

$$(\mathcal{F}^{-1}g)(x) = \frac{1}{2\pi}\int_{-\infty}^{\infty} g(\omega)e^{jx\omega}\ d\omega$$

となる．これから，時間とともに変化する現象を念頭において，変数として t を使おう．また，t の関数は $t < 0$ のとき $f(t) = 0$ となることを仮定する．このような関数 $f(t)$ に対し，$e^{-\sigma t}f(t)$ がフーリエ変換可能になる $\sigma > 0$ を選べたとしよう．このとき，$e^{-\sigma t}f(t)$ のフーリエ変換は

$$\begin{aligned}(\mathcal{F}(e^{-\sigma t}f))(\omega) &= \int_{-\infty}^{\infty} e^{-\sigma t}f(t)e^{-j\omega t}\ dt\\ &= \int_{0}^{\infty} f(t)e^{-(\sigma+j\omega)t}\ dt\end{aligned}$$

と表される．これからは，このような σ が選べる関数のみを扱う．例えば，$f(t) = e^t$ に対しては，$\sigma > 1$ と選べばよい．ここで，$s = \sigma + j\omega$ とおき，

$$(\mathcal{L}f)(s) = \int_{0}^{\infty} f(t)e^{-st}\ dt$$

と表す．フーリエ変換の場合と同様に，この $(\mathcal{L}f)(s)$ を $f(t)$ の**ラプラス変換**とよぶ．また，$e^{-\sigma_0 t}f(t)$ がフーリエ変換可能になるような $\sigma_0 > 0$ を一つ選べ

83

84　第3章　ラプラス変換とz変換

ば，2.6節と同様な議論により，$(\mathcal{L}f)(s)$ は $\{s \in \mathbb{C} : \mathrm{Re}\, s > \sigma_0\}$ で正則な関数であることがわかる[*1]．よって，ラプラス変換は正則フーリエ変換の一種である．さらに，$(\mathcal{L}f)(s)$ がフーリエ逆変換可能ならば，フーリエ逆変換の公式により，

$$e^{-\sigma t}f(t) = \frac{1}{2\pi}\int_{-\infty}^{\infty}(\mathcal{L}f)(s)e^{jt\omega}\ d\omega \quad (s = \sigma + j\omega)$$

が成り立つ．よって，

$$\begin{aligned}
f(t) &= \frac{e^{\sigma t}}{2\pi}\int_{-\infty}^{\infty}(\mathcal{L}f)(s)e^{jt\omega}\ d\omega \\
&= \frac{1}{2\pi}\int_{-\infty}^{\infty}(\mathcal{L}f)(\sigma + j\omega)e^{t(\sigma+j\omega)}\ d\omega \\
&= \frac{1}{2\pi j}\int_{\sigma-j\infty}^{\sigma+j\infty}(\mathcal{L}f)(s)e^{ts}\ ds
\end{aligned}$$

を得る．ここで得られた等式

$$f(t) = \frac{1}{2\pi j}\int_{\sigma-j\infty}^{\sigma+j\infty}(\mathcal{L}f)(s)e^{ts}\ ds$$

を**ラプラス逆変換の公式**とよぶ．特に，右辺の積分は**ブロムウィッチ積分**とよばれる．

　これから，ラプラス変換後の関数を大文字で $F(s)$ と表し，変換前後の関数を区別するために，変換前は t，変換後は s と変数を明記する．例えば，ラプラス逆変換の公式は

$$f(t) = \frac{1}{2\pi j}\int_{\sigma-i\infty}^{\sigma+j\infty}F(s)e^{ts}\ ds$$

と表される．

例題 3.1.1. $a \in \mathbb{C}$ とする．このとき，$f(t) = e^{at}$ と $g(t) = te^{at}$ のラプラス変換を求めよ．

[*1]　σ はべき級数に対する収束半径に相当するのである．

（解答） $\sigma > 0$ を $\sigma > \mathrm{Re}\, a$ となるように選ぶ．このとき，

$$(\mathcal{L}f)(s) = \int_0^\infty e^{-(s-a)t}\, dt = \left[-\frac{1}{s-a}e^{-(s-a)t} \right]_0^\infty = \frac{1}{s-a}$$

を得る．また同様に計算して，

$$
\begin{aligned}
(\mathcal{L}g)(s) &= \int_0^\infty t e^{-(s-a)t}\, dt \\
&= \left[-\frac{t}{s-a}e^{-(s-a)t} \right]_0^\infty - \int_0^\infty \left(-\frac{1}{s-a}e^{-(s-a)t} \right) dt \\
&= \frac{1}{(s-a)^2}
\end{aligned}
$$

を得る．

例題 3.1.1 の計算を推し進めると，

$$\int_0^\infty t^n e^{-(s-a)t}\, dt = \frac{n!}{(s-a)^{n+1}}$$

が成り立つことがわかる．よって，

$$\mathcal{E} = \left\{ \sum_{n=1}^N p_n(t)e^{a_n t} : N \geq 1,\ p_n(t) \text{ は多項式},\ a_n \in \mathbb{C} \right\}$$

と定めれば，$\mathcal{E}$ の関数のラプラス変換は有理関数である．これから，特に断らない限り，ラプラス変換を $\mathcal{E}$ の関数に制限する．また，$f(t) \in \mathcal{E}$ であれば，$e^{-\sigma t}f(t) \to 0 \ (t \to \infty)$ のとき，$f(t)$ はラプラス変換可能であることに注意しよう．

例題 3.1.2. $f(t) \in \mathcal{E}$ のとき，導関数 $\dfrac{df}{dt}(t)$ のラプラス変換を求めよ．

（解答） まず，$\dfrac{df}{dt}(t) \in \mathcal{E}$ に注意しよう．また，$e^{-\sigma t}f(t) \to 0 \ (t \to \infty)$ が成り立つように $\sigma > 0$ を選ぶ．このとき，$s = \sigma + j\omega$ に対し，

86　第 3 章　ラプラス変換と z 変換

$$\left(\mathcal{L}\frac{df}{dt}\right)(s) = \int_0^\infty \frac{df}{dt}(t)e^{-st}\, dt$$

$$= \left[f(t)e^{-st}\right]_0^\infty - \int_0^\infty f(t)(-s)e^{-st}\, dt$$

$$= -f(0) + sF(s)$$

を得る．特に，$f(0) = 0$ を仮定するとき，

$$\left(\mathcal{L}\frac{df}{dt}\right)(s) = sF(s)$$

が成り立つ．

例題 3.1.3.　$f(t) \in \mathcal{E}$ のとき，原始関数 $\displaystyle\int_0^t f(u)\, du$ のラプラス変換を求めよ．

（**解答**）　まず，整数 $i \geq 0$ と $a \in \mathbb{C}$ に対し，

$$\int_0^t u^i e^{au}\, du = (t \text{ の多項式}) \times e^{at} + C$$

であるから，$\displaystyle\int_0^t f(u)\, du \in \mathcal{E}$ に注意しよう．また，$e^{-\sigma t}f(t) \to 0\ (t \to \infty)$
が成り立つように $\sigma > 0$ を選べば，

$$\left(\int_0^t f(u)\, du\right)e^{-\sigma t} \to 0 \quad (t \to \infty)$$

が成り立つ．よって，$s = \sigma + j\omega$ に対し，

$$\left(\mathcal{L}\int_0^t f(u)\, du\right)(s)$$

$$= \int_0^\infty \left(\int_0^t f(u)\, du\right)e^{-st}\, dt$$

$$= \left[-\frac{1}{s}\left(\int_0^t f(u)\, du\right)e^{-st}\right]_0^\infty - \int_0^\infty \left(-\frac{1}{s}\right)f(t)e^{-st}\, dt$$

$$= \frac{1}{s}F(s)$$

が成り立つ.

例題 3.1.4. $f(t), g(t) \in \mathcal{E}$ に対し, $f(t)$ と $g(t)$ の**たたみ込み** $(f * g)(t)$ を

$$(f * g)(t) = \int_0^\infty f(t-u)g(u) \ du = \int_0^t f(t-u)g(u) \ du$$

と定める. このとき, $f * g(t)$ のラプラス変換を求めよ.

（**解答**) まず, $e^{-\sigma t}f(t), e^{-\sigma t}g(t) \to 0 \ (t \to \infty)$ が成り立つように $\sigma > 0$ を選ぶ. このとき, たたみ込みのラプラス変換を定める 2 重積分の順序が交換できて,

$$
\begin{aligned}
(\mathcal{L}(f * g))(s) &= \int_0^\infty \left(\int_0^\infty f(t-u)g(u) \ du \right) e^{-st} \ dt \\
&= \int_0^\infty \left(\int_0^\infty f(t-u)e^{-st} \ dt \right) g(u) \ du \\
&= \int_0^\infty \left(\int_0^\infty f(v)e^{-s(u+v)} \ dv \right) g(u) \ du \\
&= \left(\int_0^\infty f(v)e^{-sv} \ dv \right) \left(\int_0^\infty g(u)e^{-su} \ du \right) \\
&= F(s)G(s)
\end{aligned}
$$

を得る.

例題 3.1.5 (最終値の定理). 有限な $\lim_{t \to \infty} f(t)$ が存在する $f(t) \in \mathcal{E}$ に対し,

$$\lim_{t \to \infty} f(t) = \lim_{s \to 0} sF(s)$$

が成り立つことを示せ.

（**解答**) まず, 例題 3.1.2 の中で

$$\int_0^\infty \frac{df}{dx}(t)e^{-st} \ dt = -f(0) + sF(s)$$

を示した. また, 上の左辺の積分の極限について,

88　第 3 章　ラプラス変換と z 変換

$$\lim_{s \to 0} \int_0^\infty \frac{df}{dt}(t)e^{-st} \, dt$$

$$= \int_0^\infty \lim_{s \to 0} \frac{df}{dt}(t)e^{-st} \, dt \quad (\because \text{極限と積分の順序交換})$$

$$= \int_0^\infty \frac{df}{dt}(t) \, dt$$

$$= \lim_{t \to \infty} (f(t) - f(0))$$

が成り立つ[*2]. 以上のことから結論を得る.

例題 3.1.6. $a \in \mathbb{C}$ とし, $\sigma > 0$ を $\sigma > \mathrm{Re}\,a$ となるように選ぶ. このとき, 複素積分の理論を用いて

$$\frac{1}{2\pi j} \int_{\sigma - j\infty}^{\sigma + j\infty} \frac{1}{s - a} e^{ts} \, ds = \begin{cases} 0 & (t < 0) \\ e^{at} & (t > 0) \end{cases}$$

が成り立つことを示せ.

(**解答**)　まず, $t < 0$ の場合, **図 3.1** の積分路 C_1 を考える. このとき, コーシーの積分定理により,

$$\frac{1}{2\pi j} \int_{C_1} \frac{1}{s - a} e^{ts} \, ds = 0$$

が成り立つ. また, C_1 の右側の半円での積分を θ の積分に書き換えると, $t < 0$ であることから

[*2]　$f(t) = \displaystyle\sum_{n=1}^N p_n(t)e^{a_n t}$ に対し, 有限な $\displaystyle\lim_{t \to \infty} f(t)$ が存在すると仮定する. このとき, $a_n \neq 0$ ならば $\mathrm{Re}\,a_n < 0$ であり, $a_n = 0$ ならば $p_n(t)$ は定数である. このことから, ルベーグの収束定理 (定理 5.5.3) により極限と積分の順序交換が保証される.

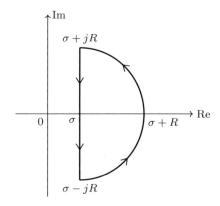

図 3.1 積分路 C_1 の図

$$\left| \frac{1}{2\pi j} \int_{-\pi/2}^{\pi/2} \frac{1}{(\sigma + Re^{j\theta}) - a} e^{t(\sigma + Re^{j\theta})} jRe^{j\theta} \, d\theta \right|$$

$$\leq \frac{1}{2\pi} \int_{-\pi/2}^{\pi/2} \left| \frac{1}{(\sigma + Re^{j\theta}) - a} \right| e^{t\sigma} e^{tR\cos\theta} R \, d\theta$$

$$\to 0 \quad (R \to \infty)$$

が成り立つ[*3]. よって,

$$\frac{1}{2\pi j} \int_{\sigma - j\infty}^{\sigma + j\infty} \frac{1}{s - a} e^{ts} \, ds = \lim_{R \to \infty} \frac{1}{2\pi j} \int_{\sigma - jR}^{\sigma + jR} \frac{1}{s - a} e^{ts} \, ds = 0$$

を得る[*4]. 次に, $t > 0$ の場合, **図 3.2** の積分路 C_2 を考える. ただし, C_2 の内部に a が含まれるように $R > 0$ を十分大きくとる. このとき, 留数定理により,

---

[*3] 最後の極限はジョルダンの不等式 $(2/\pi)\theta \leq \sin\theta \ (0 \leq \theta \leq \pi/2)$ のコサイン版 $1 - (2/\pi)\theta \leq \cos\theta \ (0 \leq \theta \leq \pi/2)$ から導かれるが, 有界収束定理(系 5.5.5)を使ってもよい. 例題 5.5.6 を参照せよ.

[*4] $t < 0$ での $f(t)$ の値 0 とコーシーの積分定理がこのようにして結びつくことを強調したい.

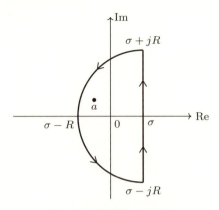

図 3.2 積分路 C_2 の図

$$\frac{1}{2\pi j}\int_{C_2}\frac{1}{s-a}e^{ts}\,ds = \mathrm{Res}\left(\frac{e^{ts}}{s-a},a\right) = \lim_{s\to a}(s-a)\frac{e^{ts}}{s-a} = e^{at}$$

が成り立つ．また，C_2 の左側の半円での積分を θ の積分に書き換えると，$t>0$ であることから

$$\left|\frac{1}{2\pi j}\int_{\pi/2}^{3\pi/2}\frac{1}{(\sigma+Re^{j\theta})-a}e^{t(\sigma+Re^{j\theta})}jRe^{j\theta}\,d\theta\right|$$

$$\leq \frac{1}{2\pi}\int_{\pi/2}^{3\pi/2}\left|\frac{1}{(\sigma+Re^{j\theta})-a}\right|e^{t\sigma}e^{tR\cos\theta}R\,d\theta$$

$$\to 0 \quad (R\to\infty)$$

が成り立つ．よって，

$$\frac{1}{2\pi j}\int_{\sigma-j\infty}^{\sigma+j\infty}\frac{1}{s-a}e^{ts}\,ds = \lim_{R\to\infty}\frac{1}{2\pi j}\int_{\sigma-jR}^{\sigma+jR}\frac{1}{s-a}e^{ts}\,ds = e^{at}$$

を得る．

3.2 フィードバック制御

図 3.3 の電気回路は RC 直列回路とよばれ，電気回路の理論では基本的であ

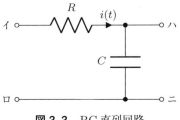

図 3.3 RC 直列回路

る．この回路において，時刻 t におけるイロ間の電圧を**入力**，ハニ間の電圧を**出力**とし，それぞれ $e_{\text{in}}(t), e_{\text{out}}(t)$ と表す．また，図 3.3 において，$i(t)$ は虚数単位ではなく時刻 t に流れる電流を表し，抵抗 R とコンデンサの静電容量 C は定数である．このとき，

$$e_{\text{in}}(t) = Ri(t) + e_{\text{out}}(t), \quad e_{\text{out}}(t) = \frac{1}{C}\int_0^t i(u)\,du$$

が成り立つ．この連立方程式をラプラス変換すると，例題 3.1.3 で示したことにより，

$$E_{\text{in}}(s) = RI(s) + E_{\text{out}}(s), \quad E_{\text{out}}(s) = \frac{1}{Cs}I(s) \qquad (3.2.1)$$

が得られる．さらに，(3.2.1) から $I(s)$ を消去すると，

$$E_{\text{out}}(s) = \frac{1}{1+CRs}E_{\text{in}}(s)$$

が導かれる．ここで現れた s の関数

$$\frac{E_{\text{out}}(s)}{E_{\text{in}}(s)} = \frac{1}{1+CRs}$$

は RC 直列回路の，$e_{\text{in}}(t)$ を入力，$e_{\text{out}}(t)$ を出力とした場合の**伝達関数**とよばれる．伝達関数は入出力を指定した上で定まる概念である．

一般に，入力から出力が定まる**システム**に対し，そのシステムの伝達関数とは，(3.2.1) のようにシステム全体をラプラス変換した先での入力と出力の比である．制御工学では，以上のことを**ブロック線図**とよばれる図で表す．例えば，

(3.2.1) は**図 3.4** のように表される．ブロック線図とは入力が出力に変換される過程を図式化したものである．特に，図 3.4 には出力が入力まで遡る部分がある．このようなシステムは**フィードバック制御システム**とよばれる．さらに，伝達関数を用いれば，このブロック線図は**図 3.5** のように簡略化して表してもよい．

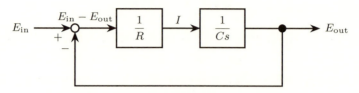

図 3.4 RC 直列回路のブロック線図 1

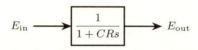

図 3.5 RC 直列回路のブロック線図 2

例題 3.2.1. 図 3.6 の電気回路は RLC 直列回路とよばれる．この RLC 直列回路に対し，RC 直列回路の場合と同様の記号を用いる．このとき，

$$e_{\mathrm{in}}(t) = Ri(t) + L\frac{di(t)}{dt} + e_{\mathrm{out}}(t), \quad e_{\mathrm{out}}(t) = \frac{1}{C}\int_0^t i(u)\,du \quad (3.2.2)$$

が成り立つ．初期条件 $i(0) = 0$ を仮定するとき，RLC 直列回路の伝達関数を求めよ．

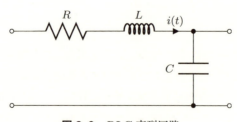

図 3.6 RLC 直列回路

(**解答**) 例題 3.1.2 の最後に注意したように，初期条件 $i(0) = 0$ により，ラプラス変換した先では，微分は単なる s の掛け算になることに注意しよう．よって，(3.2.2) をラプラス変換して，

$$E_{\mathrm{in}}(s) = RI(s) + LsI(s) + E_{\mathrm{out}}(t), \quad E_{\mathrm{out}}(t) = \frac{1}{Cs}I(s)$$

を得る．この連立方程式から $I(s)$ を消去すれば，

$$E_{\mathrm{out}}(s) = \frac{1}{1 + CRs + CLs^2} E_{\mathrm{in}}(s)$$

が得られる．よって，RLC 直列回路の伝達関数は

$$\frac{E_{\mathrm{out}}(s)}{E_{\mathrm{in}}(s)} = \frac{1}{1 + CRs + CLs^2}$$

である．なお，RLC 直列回路のブロック線図は**図 3.7** と**図 3.8** のようになる．

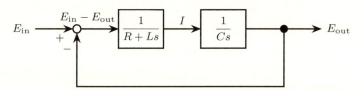

図 3.7 RLC 直列回路のブロック線図 1

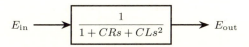

図 3.8 RLC 直列回路のブロック線図 2

等価変換

これまで直列回路だけを扱ってきたが，並列接続があっても多少計算が複雑になるだけで同様である．例えば，**図 3.9** の電気回路に対し，入力を電流 $i(t) = i_1(t) + i_2(t)$，出力をイロ間の電圧 $e(t)$ とした場合の伝達関数を求めてみよう．今，

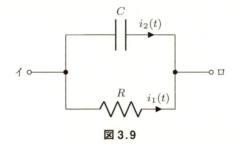

図 3.9

$$I(s) = I_1(s) + I_2(s), \quad E(s) = RI_1(s) = \frac{1}{Cs}I_2(s)$$

が成り立っていることに注意する．このとき，

$$\frac{E(s)}{I(s)} = \frac{1}{\dfrac{I_1(s)}{E(s)} + \dfrac{I_2(s)}{E(s)}} = \frac{1}{\dfrac{1}{R} + Cs}$$

を得る．これは中学校の理科で学ぶ並列接続された抵抗の合成抵抗を求める公式の拡張である．したがって，図 3.9 の電気回路のブロック線図は**図 3.10** のようになる．並列接続を含むような複雑な電気回路に対し，このような簡約を繰り返すことで，単純な形のブロック線図を得ることができる．制御理論ではこのような変換を等価変換とよんでいる．

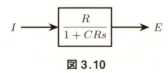

図 3.10

線形時不変なシステム

この節の最後に，3.5 節に向けた準備をしよう．伝達関数 $b/(s+a)$ をもつブロック線図（**図 3.11**）を考える．このとき，$x_1(0) = x_2(0) = 0$ を仮定すれば，

$$X_2(s) = \frac{b}{s+a}X_1(s) \Leftrightarrow X_2(s) = \frac{1}{s}(bX_1(s) - aX_2(s))$$

$$\Leftrightarrow x_2(t) = \int_0^t (bx_1(\tau) - ax_2(\tau))\, d\tau$$

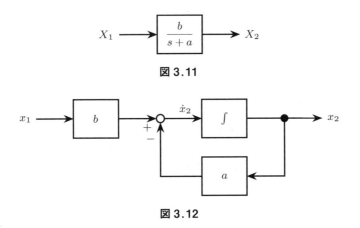

図 3.11

図 3.12

$$\Leftrightarrow \dot{x}_2(t) = bx_1(t) - ax_2(t)$$

が成り立つ．ここで，$\dot{x}(t)$ は $x(t)$ の t についての微分を表す．この最後に得られた微分方程式は変数を t とするブロック線図（**図 3.12**）で表すことができる．このブロック線図を基本要素と考えれば，ブロック線図（**図 3.13**）から連立微分方程式

$$\begin{cases} \dot{x}_1(t) = -2x_1(t) + u(t) \\ \dot{x}_2(t) = x_1(t) - 3x_2(t) \\ y(t) = x_2(t) \end{cases}$$

が導かれる．さらに，この連立微分方程式は行列を用いて

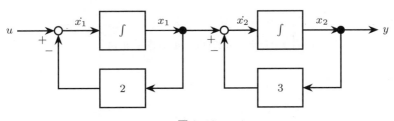

図 3.13

96　第 3 章　ラプラス変換と z 変換

$$\begin{pmatrix} \dot{x}_1(t) \\ \dot{x}_2(t) \\ y(t) \end{pmatrix} = \begin{pmatrix} -2 & 0 & 1 \\ 1 & -3 & 0 \\ 0 & 1 & 0 \end{pmatrix} \begin{pmatrix} x_1(t) \\ x_2(t) \\ u(t) \end{pmatrix}$$

と表すことができる．一般に，行列 A, B, C, D を係数とする連立微分方程式

$$\begin{cases} \dot{\boldsymbol{x}}(t) = A\boldsymbol{x}(t) + Bu(t) \\ y(t) = C\boldsymbol{x}(t) + Du(t) \end{cases} \tag{3.2.3}$$

により表されるシステムは線形時不変といわれる．また，ベクトル値関数 $\boldsymbol{x}(t) = (x_1(t), \dots, x_n(t))^\top$ は**状態変数**とよばれ，(3.2.3) の最初の方程式は**状態方程式**とよばれる．本書では，入力 $u(t)$ と出力 $y(t)$ がスカラー値関数の場合を扱うが，もちろん，ベクトル値関数の場合も考えることができる．

例題 3.2.2. 常微分方程式

$$\ddot{y}(t) + a\dot{y}(t) + by(t) = u(t), \quad y(0) = \dot{y}(0) = 0$$

を，$u(t)$ を入力，$y(t)$ を出力とするシステムとみなし，(3.2.3) の形式で表せ．

（**解答**）　状態変数を

$$\boldsymbol{x}(t) = \begin{pmatrix} x_1(t) \\ x_2(t) \end{pmatrix} = \begin{pmatrix} y(t) \\ \dot{y}(t) \end{pmatrix}$$

と定める．このとき，

$$\begin{cases} \dot{x}_1(t) = x_2(t) \\ \dot{x}_2(t) = -ax_2(t) - bx_1(t) + u(t) \end{cases}$$

が成り立つので，

$$\begin{pmatrix} \dot{x}_1(t) \\ \dot{x}_2(t) \end{pmatrix} = \begin{pmatrix} 0 & 1 \\ -b & -a \end{pmatrix} \begin{pmatrix} x_1(t) \\ x_2(t) \end{pmatrix} + \begin{pmatrix} 0 \\ 1 \end{pmatrix} u$$

を得る．よって，

$$A = \begin{pmatrix} 0 & 1 \\ -b & -a \end{pmatrix}, \quad B = \begin{pmatrix} 0 \\ 1 \end{pmatrix}, \quad C = \begin{pmatrix} 1 & 0 \end{pmatrix}, \quad D = O$$

と定めればよい．

3.3　安定性

　一般に，**図 3.14** のブロック線図で表されるシステムは，フィードバック制御システムの中でも**閉ループシステム**とよばれ，基本的かつ重要な例である．ここで，P は Plant, C は Compensator や Controller の頭文字であり，$U(s)$ と $Y(s)$ はそれぞれ入力 $u(t)$ と出力 $y(t)$ のラプラス変換を表す．このとき，U と Y の関係は

$$Y(s) = P(s)C(s)E(s), \quad E(s) = U(s) - Y(s)$$

により与えられる．したがって，その伝達関数 $F(s)$ は

$$F(s) = \frac{Y(s)}{U(s)} = \frac{P(s)C(s)}{1 + P(s)C(s)}$$

となる．特に，本書では $P(s)$ と $C(s)$ が有理関数であることを仮定する．一般に，有理関数 $F(s)$ が二つの多項式 $N(s)$ と $D(s)$ により，$F(s) = N(s)/D(s)$ と表されるとき，$F(s)$ の**次数** $\deg F(s)$ を

$$\deg F(s) = \deg N(s) - \deg D(s)$$

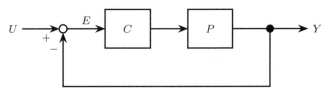

図 3.14　閉ループシステム

98 第3章 ラプラス変換とz変換

と定める. ここで, $\deg N(s)$ と $\deg D(s)$ はそれぞれ $N(s)$ と $D(s)$ の多項式としての次数を表す. また, 二つの多項式 $N(s)$ と $D(s)$ の係数を総称して有理関数 $N(s)/D(s)$ の**係数**とよぶことにする. 今, 閉ループシステムの伝達関数 $F(s)$ は実係数の有理関数であり $\deg F(s) \leq 0$ をみたす.

インパルス応答と単位ステップ応答

閉ループシステムの伝達関数 $F(s)$ のラプラス逆変換 $f(t)$ を考えよう. この章の冒頭で定めたように, t の関数について, $t < 0$ で $f(t) = 0$ とする. 今, もし $\deg F(s) < 0$ であれば, 部分分数分解を用いて $F(s)$ のラプラス逆変換 $f(t)$ が $\mathcal{E}$ の関数として求まる[*5]. 一方, $\deg F(s) = 0$ のときは, $F(s) = c + G(s)$ と分解できる. ここで, $G(s)$ は $\deg G(s) < 0$ をみたす有理関数である. このとき, $G(s)$ のラプラス逆変換 $g(t)$ は $\mathcal{E}$ の関数として求まる. 問題は定数関数 c のラプラス逆変換であるが, 特に $c = 1$ の場合に形式的に計算すれば,

$$\frac{1}{2\pi j} \int_{\sigma-j\infty}^{\sigma+j\infty} e^{ts} \, ds = \frac{1}{2\pi} \int_{-\infty}^{\infty} e^{t(\sigma+j\omega)} \, d\omega = \frac{e^{\sigma t}}{2\pi} \int_{-\infty}^{\infty} e^{jt\omega} \, d\omega$$

となる. さて, 2.5 節の最後に 1 のフーリエ変換はデルタ関数であることを説明した. このことから, 1 のラプラス逆変換がデルタ関数であることに気づく. 確かに,

$$\int_0^\infty \delta(t) e^{st} \, dt = 1$$

であるから, デルタ関数のラプラス変換は 1 となり整合がとれている. 以上のことから, $\deg F(s) = 0$ のとき, $F(s)$ のラプラス逆変換は

$$f(t) = c\delta(t) + g(t)$$

と表されることがわかった[*6]. さて, このとき,

[*5] この $\mathcal{E}$ は例題 3.1.1 の後で定めた集合である.

[*6] 数学としては雑な説明かもしれないが, 関数解析入門の副読本としてはここがぎりぎりの妥協案であろう. しかし, デルタ関数だけであればこのようにおおらかに扱ったほうがおもしろいとも思う.

$$Y(s) = F(s)U(s) = (c + G(s))U(s) = cU(s) + G(s)U(s)$$

と例題 3.1.4 で示したことから，

$$y(t) = cu(t) + \int_0^\infty g(t - \tau)u(\tau)\, d\tau$$

$$= \int_0^\infty (c\delta(t - \tau) + g(t - \tau))u(\tau)\, d\tau$$

$$= \int_0^\infty f(t - \tau)u(\tau)\, d\tau$$

が成り立つことがわかる．特に，$u(t) = \delta(t)$ のとき，

$$f(t) = \int_0^\infty f(t - \tau)\delta(\tau)\, d\tau$$

とみれば，$f(t)$ は $\delta(t)$ を入力とした場合の出力とみなすことができる．この意味で $f(t)$ は**インパルス応答**とよばれる．また，入力が $u(t) = 1\ (t \geq 0)$ の場合，

$$h(t) = \int_0^\infty f(t - \tau)1\, d\tau = \int_0^t f(\tau)\, d\tau$$

を**単位ステップ応答**という．単位ステップ応答をラプラス変換すれば，例題 3.1.3 と同様に

$$H(s) = \frac{1}{s}F(s) \tag{3.3.1}$$

が得られる．

例題 3.3.1. 例題 3.1.3 では $\deg F(s) < 0$ の場合に (3.3.1) を示したことになっている．ここでは，$\deg F(s) = 0$ の場合に (3.3.1) を示せ．

（**解答**） 上と同じ記号を用いると，

$$h(t) = \int_0^t f(\tau)\, d\tau = \int_0^t (c\delta(\tau) + g(\tau))\, d\tau = c + \int_0^t g(\tau)\, d\tau$$

が成り立つ．よって，これをラプラス変換して

100　第 3 章　ラプラス変換と z 変換

$$H(s) = \frac{c}{s} + \frac{1}{s}G(s) = \frac{1}{s}(c + G(s)) = \frac{1}{s}F(s)$$

を得る.

有理関数の空間 $RH^\infty(\mathbb{C}_+)$

以下では,

$$\mathbb{C}_+ = \{s \in \mathbb{C} : \mathrm{Re}\, s > 0\}, \quad \mathbb{C}_- = \{s \in \mathbb{C} : \mathrm{Re}\, s < 0\}$$

という記号を用いる.

定義 3.3.2.　次の 2 条件(i), (ii)をみたす有理関数 $F(s)$ の全体を $RH^\infty(\mathbb{C}_+)$ と表す.

(i)　$\deg F(s) \leq 0$.

(ii)　$F(s)$ の極はすべて $\mathbb{C}_-$ 内にある.

これまで伝達関数として実係数の有理関数だけを考えてきたが, この定義では複素係数の有理関数も含めることにする.

例題 3.3.3.　任意の $F(s) \in RH^\infty(\mathbb{C}_+)$ に対し, $F(s)$ は $\mathbb{C}_+$ で有界であることを示せ.

（解答）　$F(s)$ を

$$F(s) = \frac{a_n s^n + a_{n-1} s^{n-1} + \cdots + a_1 s + a_0}{b_m s^m + b_{m-1} s^{m-1} + \cdots + b_1 s + b_0}$$

と表す. ただし, a_n と b_m は零でないとする. このとき, $n \leq m$ であり,

$$
\begin{aligned}
|F(s)| &= \left| \frac{a_n s^n + a_{n-1} s^{n-1} + \cdots + a_1 s + a_0}{b_m s^m + b_{m-1} s^{m-1} + \cdots + b_1 s + b_0} \right| \\
&= \left| \frac{a_n s^{n-m} + a_{n-1} s^{n-1-m} + \cdots + a_1 s^{1-m} + a_0 s^{-m}}{b_m + b_{m-1} s^{-1} + \cdots + b_1 s^{1-m} + b_0 s^{-m}} \right| \\
&\to \begin{cases} |a_n|/|b_n| & (n = m) \\ 0 & (n < m) \end{cases} \quad (|s| \to \infty)
\end{aligned}
$$

を得る．よって，十分大きな $R > 0$ に対し，$F(s)$ は $\{s \in \mathbb{C} : |s| > R\} \cap \mathbb{C}_+$ で有界である．また，$F(s)$ は $\mathbb{C}_+$ に極をもたないので，$F(s)$ は $\{s \in \mathbb{C} : |s| \leq R\} \cap \mathbb{C}_+$ で有界である．以上のことから結論を得る．

問題 3.1

$RH^\infty(\mathbb{C}_+)$ は環であること，すなわち，

$$F(s),\ G(s) \in RH^\infty(\mathbb{C}_+) \Rightarrow F(s)G(s),\ F(s) + G(s) \in RH^\infty(\mathbb{C}_+)$$

が成り立つことを示せ．

安定性

これから，図 3.14 の閉ループシステム $\mathcal{S}$ の安定性とその伝達関数 $F(s)$ の関係について考えたい．特に，伝達関数 $F(s)$ に対し，

- $F(s)$ は実係数の有理関数であること，
- $\deg F(s) \leq 0$

を仮定していることに注意しよう．システムの安定性には複数の定義が考えられるが，ここでは，次の定義を採用しよう．

定義 3.3.4. 閉ループシステム $\mathcal{S}$ の単位ステップ応答 $h(t)$ に対し，有限な $\lim_{t \to \infty} h(t)$ が存在するとき，$\mathcal{S}$ は**安定**であるという．

単位ステップ応答が十分長い時間の後にほぼ定数に落ち着くという意味で，この安定性の定義は納得のいくものであろう．また，単位ステップ応答のラプラス変換を $H(s)$ とすれば，上の仮定と (3.3.1) により $\deg H(s) < 0$ であるから，今 $h(t)$ は $\mathcal{E}$ の関数である．

定理 3.3.5. 閉ループシステム $\mathcal{S}$ の伝達関数 $F(s)$ に対し，次の 2 条件は同値である．

(i) $\mathcal{S}$ は安定である．

(ii) $F(s) \in RH^\infty(\mathbb{C}_+)$.

102 第 3 章 ラプラス変換と z 変換

[**証明**] まず，(3.3.1)により，

$$H(s) = \frac{1}{s} F(s)$$

が成り立つ．ここで，a_n を $F(s)/s$ の実軸上にある極，α_n を $F(s)/s$ の $\operatorname{Im} \alpha_n > 0$ をみたす極とすれば，$F(s)/s$ は

$$\frac{1}{s} F(s) = \sum \frac{c_{n,i}}{(s-a_n)^i} + \sum \left(\frac{d_{n,i}}{(s-\alpha_n)^i} + \frac{\overline{d_{n,i}}}{(s-\overline{\alpha_n})^i} \right) \tag{3.3.2}$$

と部分分数分解できる．今，$F(s)/s$ は実係数の有理関数であるから，$\overline{\alpha_n}$ も $F(s)/s$ の極であることに注意しよう．この(3.3.2)をラプラス逆変換すれば，例題 3.1.1 の計算により，$h(t)$ は

$$h(t) = \sum c_{n,i} t^{i-1} e^{a_n t} + \sum \left(d_{n,i} t^{i-1} e^{\alpha_n t} + \overline{d_{n,i}} t^{i-1} e^{\overline{\alpha_n} t} \right) \tag{3.3.3}$$

$$= \sum c_{n,i} t^{i-1} e^{a_n t} + 2 \sum (\operatorname{Re} d_{n,i}) t^{i-1} e^{(\operatorname{Re} \alpha_n) t} \cos((\operatorname{Im} \alpha_n) t)$$

$$- 2 \sum (\operatorname{Im} d_{n,i}) t^{i-1} e^{(\operatorname{Re} \alpha_n) t} \sin((\operatorname{Im} \alpha_n) t) \tag{3.3.4}$$

と表されることがわかる．

(i) $\Rightarrow$ (ii) を示す．今，$\mathcal{S}$ が安定であるから，(3.3.4)により，$\operatorname{Re} \alpha_n < 0$ かつ $a_n \leq 0$ を得る．さらに，$a_n = 0$ のときは $i = 1$ でなければならず，$F(s)$ は $s = 0$ を極にもたない．したがって，$F(s) \in RH^\infty(\mathbb{C}_+)$ を得る．

(ii) $\Rightarrow$ (i) を示す．今，0 は $F(s)$ の極ではないので，0 は $F(s)/s$ の高々一位の極である．このとき，(3.3.2)と(3.3.3)から，

$$h(t) = c + \sum_{a_n \neq 0} c_{n,i} t^{i-1} e^{a_n t} + \sum \left(d_{n,i} t^{i-1} e^{\alpha_n t} + \overline{d_{n,i}} t^{i-1} e^{\overline{\alpha_n} t} \right)$$

を得る．今，$a_n \neq 0$ に対し $a_n < 0$ と $\operatorname{Re} \alpha_n < 0$ を仮定しているので，

$$\lim_{t \to \infty} h(t) = c$$

が成り立つ．したがって，$\mathcal{S}$ は安定である． $\square$

3.3 安定性 103

閉ループシステム $\mathcal{S}$ に対し，定理 3.3.5 により，次の問題の数学的側面は有理関数の問題と等価である．

―――――― 制御工学の問題 ――――――
与えられた P に対し，$\mathcal{S}$ が安定となる C を与えよ．

例題 3.3.6（1 次遅れシステム）．T, K を正の定数とする．閉ループシステム $\mathcal{S}$ の伝達関数が

$$F(s) = \frac{K}{1 + Ts}$$

により与えられる場合，$\mathcal{S}$ は安定であることを示せ．また，このとき，単位ステップ応答 $h(t)$ に対し，$\lim_{t \to \infty} h(t)$ を求めよ．

（解答） 単位ステップ応答 $h(t)$ を直接求めてもよいが，ここでは，定理 3.3.5 と最終値の定理（例題 3.1.5）を使ってみよう．まず，

$$F(s) = \frac{K}{1 + Ts} = \frac{K}{T(s + 1/T)}$$

であるから，$F(s)$ の極は $s = -1/T$ である．よって，定理 3.3.5 により，$\mathcal{S}$ は安定である．このとき，$\lim_{t \to \infty} h(t)$ が存在するので，最終値の定理と (3.3.1) により，

$$\lim_{t \to \infty} h(t) = \lim_{s \to 0} sH(s) = \lim_{s \to 0} F(s) = K$$

を得る．

問題 3.2 ―――――――――――――――――――

閉ループシステム $\mathcal{S}$ の単位ステップ応答 $h(t)$ に対し，

$$|h(t)| \le M \quad (t \ge 0)$$

をみたす定数 $M > 0$ が存在するとき，$\mathcal{S}$ は有界安定であるということにする．このとき，次の問いに答えよ．

104 第3章 ラプラス変換と z 変換

(i) システム $\mathcal{S}$ が（定義 3.3.4 の意味で）安定であれば，$\mathcal{S}$ は有界安定であることを示せ.

(ii) システム $\mathcal{S}$ の伝達関数 $F(s)$ が

$$F(s) = \frac{1}{s^2 + 1}$$

の場合，$\mathcal{S}$ は（定義 3.3.4 の意味で）安定ではないが，有界安定であることを示せ.

3.4 ナイキストの安定判別法

図 3.14 の閉ループシステム $\mathcal{S}$ の伝達関数

$$F(s) = \frac{P(s)C(s)}{1 + P(s)C(s)}$$

に対し，$G(s) = P(s)C(s)$ とおく．さらに，この節の中を通して，$G(s)$ に対し，

- $G(s)$ は実係数の有理関数であること，
- $G(s)$ は虚軸上に極をもたないこと，
- $\deg G(s) < 0$

を仮定する．このとき，

$$\lim_{\omega \to +\infty} G(j\omega) = \lim_{\omega \to -\infty} G(j\omega) = 0$$

が成り立つことがわかる．よって，

$$C(G) = \{G(j\omega) : \omega \in \mathbb{R}\} \cup \{0\}$$

は $\mathbb{C}$ 内の閉曲線である．また，$G(s)$ の係数はすべて実数であるから，

$$G(-j\omega) = G(\overline{j\omega}) = \overline{G(j\omega)}$$

が成り立つ．したがって，閉曲線 $C(G)$ を描くには，$\omega \geq 0$ に対応する曲線 $\{G(j\omega) : \omega \geq 0\} \cup \{0\}$ を描いて，それを実軸に対し折り返してできる曲線と

つなげればよい．この閉曲線 $C(G)$ の幾何学的な性質により，$\mathcal{S}$ の安定性が判定できる．

ナイキストの安定判別法

まず，有理関数 $F(s)$ に対し，$\mathbb{C}_+$ 内にある $F(s)$ の零点の個数と極の個数を，重複を込めてそれぞれ $Z(F)$, $P(F)$ と表す．また，

$$C(1+G) = \{1 + G(j\omega) : \omega \in \mathbb{R}\} \cup \{1\}$$

と定める．明らかに，$C(1+G)$ は $C(G)$ を右方向に 1 だけ平行移動して得られる閉曲線である．このとき，$\mathcal{S}$ が安定であれば，定理 3.3.5 により，$Z(1+G) = 0$ である．さらに，$1 + G(j\omega) = 0$ となる $\omega \in \mathbb{R}$ も存在しない．よって，C_R を図 3.15 の積分路とすれば，十分大きな $R > 0$ に対し，偏角の原理（定理 B.1（付録 B））により，

$$-P(1+G) = \frac{1}{2\pi j} \int_{C_R} \frac{(1+G(s))'}{1+G(s)} \, ds$$

を得る．また，$\deg G(s) < 0$ に注意し，例題 3.1.6 と同様に計算すれば

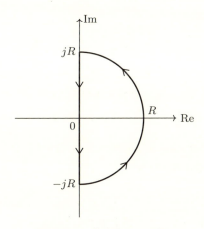

図 3.15 積分路 C_R の図

106 第3章 ラプラス変換とz変換

$$\lim_{R \to \infty} \frac{1}{2\pi j} \int_{C_R} \frac{(1 + G(s))'}{1 + G(s)} \, ds = \frac{1}{2\pi j} \int_{j\infty}^{-j\infty} \frac{(1 + G(s))'}{1 + G(s)} \, ds$$

が成り立つことがわかる. よって, 閉曲線 C が基準点 a の周りを回転した数を $\text{wind}_a \, C$ により表せば,

$$
\begin{aligned}
-P(1 + G) &= \lim_{R \to \infty} \frac{1}{2\pi j} \int_{C_R} \frac{(1 + G(s))'}{1 + G(s)} \, ds \\
&= \frac{1}{2\pi j} \int_{j\infty}^{-j\infty} \frac{(1 + G(s))'}{1 + G(s)} \, ds \\
&= \frac{1}{2\pi j} [\log(1 + G(s))]_{j\infty}^{-j\infty} \\
&= \frac{1}{2\pi} (\arg(1 + G(-j\infty)) - \arg(1 + G(j\infty))) \\
&= \text{wind}_0 \, C(1 + G) \\
&= \text{wind}_{-1} \, C(G)
\end{aligned}
$$

が成り立つ. 以上の観察をもとに次が得られる.

定理 3.4.1（ナイキストの安定判別法）. 閉ループシステム $\mathcal{S}$ の伝達関数

$$F(s) = \frac{G(s)}{1 + G(s)}$$

に対し, $G(s)$ は虚軸上に極をもたず, $\deg G(s) < 0$ をみたすことを仮定する. また, $G(s)$ の $\mathbb{C}_+$ 内にある極の個数を重複を込めて $P(G)$ と表す. このとき, $\mathcal{S}$ の安定性は次の2条件が成り立つことと同値である.

(i) $1 + G(j\omega) \neq 0 \ (\omega \in \mathbb{R})$.

(ii) $-P(G) = \text{wind}_{-1} \, C(G)$.

[**証明**] 明らかに $P(G) = P(1 + G)$ であるから, 安定性に対する必要性はすでに示されている. よって, 十分性を示すことにしよう. 以下では (i) と (ii) を仮定する. このとき, 回転数は離散値であるから, 十分大きな $R > 0$ に対し, 偏角の原理（定理 B.1）により,

$$-P(1+G) = -P(G)$$
$$= \operatorname{wind}_{-1} C(G)$$
$$= \operatorname{wind}_{0} C(1+G)$$
$$= \frac{1}{2\pi j} \int_{C_R} \frac{(1+G(s))'}{1+G(s)} \, ds$$
$$= Z(1+G) - P(1+G)$$

が成り立つ．よって，$Z(1+G) = 0$ である．したがって，定理 3.3.5 により，$\mathcal{S}$ は安定である． □

次の例題の中では，さらに $G(s)$ が安定であることを仮定しよう．これは，
$$RH_0^\infty(\mathbb{C}_+) = \{F(s) \in RH^\infty(\mathbb{C}_+) : \deg F(s) < 0\}$$
と定め，$G(s) \in RH_0^\infty(\mathbb{C}_+)$ を仮定することと同じである．実際，システムは我々が設計するものであるから，これも妥当な要請であろう．

例題 3.4.2（**簡易版ナイキストの安定判別法**）．$G(s) \in RH_0^\infty(\mathbb{C}_+)$ に対し，曲線 $\{G(j\omega) : \omega \geq 0\}$ が第 2 象限と第 3 象限では**図 3.16** のようになった．ただし，$a \neq -1$ である．このとき，$\mathcal{S}$ の安定性を判定せよ．

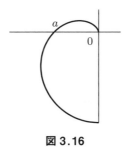

図 3.16

（**解答**）　まず，$a \neq -1$ であるから，定理 3.4.1 の (i) が成り立っていることに注意しよう．次に，第 2 象限と第 3 象限では，閉曲線 $C(G)$ は**図 3.17** のようにな

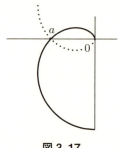

図 3.17

る．破線は曲線 $\{G(j\omega) : \omega \leq 0\}$ を表している．さらに，$G(s) \in RH_0^\infty(\mathbb{C}_+)$ という仮定から $P(G) = 0$ である．以下，a の位置により議論を分ける．

($a < -1$ のとき) $\mathrm{wind}_{-1} C(G) \neq 0$ である．すなわち，$\mathrm{wind}_{-1} C(G) \neq -P(G)$ が成り立つ．よって，ナイキストの安定判別法により $\mathcal{S}$ は不安定である．

($a > -1$ のとき) $\mathrm{wind}_{-1} C(G) = 0$ である．すなわち，$\mathrm{wind}_{-1} C(G) = -P(G)$ が成り立つ．よって，ナイキストの安定判別法により $\mathcal{S}$ は安定である．

問題 3.3

代数学の本でイデアルという言葉を調べ，$RH_0^\infty(\mathbb{C}_+)$ は $RH^\infty(\mathbb{C}_+)$ のイデアルであることを示せ．

H^∞ 制御

安定な閉ループシステム $\mathcal{S}$ とその伝達関数

$$F(s) = \frac{G(s)}{1 + G(s)}$$

を考える．また，$\mathcal{S}$ のインパルス応答を $f(t)$ とするとき，その定義から

$$F(\sigma + j\omega) = \int_0^\infty f(t) e^{-(\sigma + j\omega)t} \, dt = \int_{-\infty}^\infty f(t) e^{-(\sigma + j\omega)t} \, dt$$

が成り立つ．ここで，上の積分が $\sigma = 0$ で定義できる場合を考えれば，$F(j\omega)$ は $f(t)$ のフーリエ変換そのものである．また，t の関数は $t < 0$ のときに 0 を

とると約束していたことに注意すれば，

$$\int_0^\infty \left(\int_0^t f(t-\tau)u(\tau)\,d\tau\right)e^{-j\omega t}\,dt$$

$$= \int_0^\infty \left(\int_0^t f(\eta)u(t-\eta)\,d\eta\right)e^{-j\omega t}\,dt$$

$$= \int_0^\infty \left(\int_\eta^\infty u(t-\eta)e^{-j\omega t}\,dt\right)f(\eta)\,d\eta$$

$$= \int_0^\infty \left(\int_\eta^\infty u(t-\eta)e^{-j\omega(t-\eta)}\,dt\right)f(\eta)e^{-j\omega\eta}\,d\eta$$

$$= \left(\int_0^\infty u(t)e^{-j\omega t}\,dt\right)F(j\omega)$$

が成り立つことがわかる．よって，$F(j\omega)$ は，フーリエ変換した先での，入出力の比とみなすことができる．この意味で制御理論において $F(j\omega)$ はシステム $\mathcal{S}$ の周波数伝達関数とよばれる．特に，今は伝達関数 $F(s)$ が有理関数になる場合のみを扱っているので，ラプラス変換，フーリエ変換を経由せず，直接 $F(j\omega)$ が考えられる．このとき，$F(j\omega)$ は $F(s)$ を $\mathbb{C}_+$ 上の関数とみた場合の境界値でもある．

ここで，

$$m = \inf_{\omega\in\mathbb{R}}|1+G(j\omega)|$$

という量を考えよう[*7]．ナイキストの安定判別法の観点からは，m が 0 に近いと $\mathcal{S}$ は安定であるが不安定に近いと解釈できる．これは望ましい状態ではない．さらに，

$$F(s)-1 = \frac{G(s)-(1+G(s))}{1+G(s)} = -\frac{1}{1+G(s)}$$

[*7] inf は sup と対になる概念である．一般に，集合 X 上で定義された実数値関数 F に対し，$F(x) \geq M$ $(x \in X)$ をみたす $M \in \mathbb{R}$ を集合 $\{F(x) : x \in X\}$ の下界という．集合 $\{F(x) : x \in X\}$ の下界全体からなる集合を考え，その中の最大値を**下限**とよび $\inf_{x\in X} F(x)$ と表す．

110 第3章 ラプラス変換と z 変換

であるから，m が小さいことは

$$M = \sup_{\omega \in \mathbb{R}} |F(j\omega) - 1|$$

が大きいことと同値である．したがって，M が小さくなるように $F(s)$ を設計できれば，$\mathcal{S}$ の安定の度合いは増すと考えられる．このように関数の上限により安定性を測る手法は H^∞ 制御とよばれる．H^∞ 制御の例として，安定な閉ループシステム $\mathcal{S}$ において，入力と出力の差

$$e(t) = u(t) - y(t)$$

を評価する問題を考えよう．まず，上の式をラプラス変換すると，

$$E(s) = U(s) - Y(S) = (1 - F(s))U(s)$$

が得られる．今，$\mathcal{S}$ が安定であることを仮定しているので，定理 3.3.5 により，$F(s) \in RH^\infty(\mathbb{C}_+)$ となる．また，システムは設計するものであるから $u(t)$，$e(t) \in L^1([0, \infty)) \cap L^2([0, \infty))$ を仮定してよいだろう．このとき，$U(j\omega)$，$E(j\omega)$ は $u(t)$, $e(t)$ のフーリエ変換である．よって，プランシュレルの等式により，

$$\begin{aligned}
\int_0^\infty |e(t)|^2 \, dt &= \frac{1}{2\pi} \int_{-\infty}^\infty |E(j\omega)|^2 \, d\omega \\
&= \frac{1}{2\pi} \int_{-\infty}^\infty |1 - F(j\omega)|^2 |U(j\omega)|^2 \, d\omega \\
&\leq \sup_{\omega \in \mathbb{R}} |1 - F(j\omega)|^2 \left(\frac{1}{2\pi} \int_{-\infty}^\infty |U(j\omega)|^2 \, d\omega \right) \\
&= M^2 \int_0^\infty |u(t)|^2 \, dt
\end{aligned}$$

が成り立つ．

3.5 z変換

この節では行列 A, B, C, D を係数とする連立差分方程式

$$\begin{cases} \boldsymbol{x}(n+1) = A\boldsymbol{x}(n) + Bu(n) \\ y(n) = C\boldsymbol{x}(n) + Du(n) \qquad (n \geq 0) \\ \boldsymbol{x}(0) = \boldsymbol{0} \end{cases} \tag{3.5.1}$$

を考えよう．この方程式は 3.2 節の最後に登場した連立微分方程式(3.2.3)を離散化したものである．例えば，2 階の差分方程式

$$y(n+2) + ay(n+1) + by(n) = u(n), \quad y(0) = y(1) = 0$$

を，$u(n)$ を入力，$y(n)$ を出力とするシステムとみなす．このとき，

$$\boldsymbol{x}(n) = \begin{pmatrix} x_1(n) \\ x_2(n) \end{pmatrix} = \begin{pmatrix} y(n) \\ y(n+1) \end{pmatrix}$$

と定めれば，

$$\begin{cases} x_1(n+1) = x_2(n) \\ x_2(n+1) = -ax_2(n) - bx_1(n) + u(n) \end{cases}$$

が成り立つので，

$$\begin{pmatrix} x_1(n+1) \\ x_2(n+1) \end{pmatrix} = \begin{pmatrix} 0 & 1 \\ -b & -a \end{pmatrix} \begin{pmatrix} x_1(n) \\ x_2(n) \end{pmatrix} + \begin{pmatrix} 0 \\ 1 \end{pmatrix} u(n)$$

を得る．よって，

$$A = \begin{pmatrix} 0 & 1 \\ -b & -a \end{pmatrix}, \quad B = \begin{pmatrix} 0 \\ 1 \end{pmatrix}, \quad C = \begin{pmatrix} 1 & 0 \end{pmatrix}, \quad D = O$$

と定めれば(3.5.1)が得られる．あらためて，設定をはっきりさせておこう．まず，入力 $u(n)$ と出力 $y(n)$ はスカラー，**状態変数** $\boldsymbol{x}(n)$ は $\mathbb{R}^d$ のベクトルとす

112　第3章　ラプラス変換と z 変換

る．そして，初期条件として $\boldsymbol{x}(0) = \boldsymbol{0}$ を仮定する．このとき，A は $d \times d$ 行列，B は $d \times 1$ 行列，C は $1 \times d$ 行列であり，D は 1×1 行列であるが通常の数と区別しない．また，(3.2.3) と同様に，(3.5.1) の最初の方程式は**状態方程式**とよばれる．これから，(3.5.1) により定まるシステムを $\mathcal{S} = (A, B, C, D)$ と表すことにしよう．

さて，形式的べき級数

$$\widehat{u}(z) = \sum_{n=0}^{\infty} u(n) z^n$$

は入力 u の z **変換**とよばれる．z 変換は $z = e^{-s}$ とみなせば離散的なラプラス変換である．同様に，出力 y の z 変換を

$$\widehat{y}(z) = \sum_{n=0}^{\infty} y(n) z^n$$

と定める．これからの議論では，$\{u(n)\}_{n=0}^{\infty}$ は有界列とし，$\|u\|_{\infty} = \sup_{n \geq 0} |u(n)|$ とおく．出力 y については特に仮定を設けない．このとき，R を $\widehat{u}$ の収束半径とすれば，

$$R = \frac{1}{\displaystyle\limsup_{n \to \infty} \sqrt[n]{|u(n)|}} \geq \frac{1}{\displaystyle\lim_{n \to \infty} \sqrt[n]{\|u\|_{\infty}}} = 1$$

が成り立つ[*8]．よって，$\widehat{u}(z)$ は単位開円板

$$\mathbb{D} = \{z \in \mathbb{C} : |z| < 1\}$$

内で収束する．さらに，状態変数 $\boldsymbol{x}$ の z 変換を

[*8] べき級数 $\displaystyle\sum_{n=0}^{\infty} c_n z^n$ に対し，その収束半径を R とするとき，$1/R = \displaystyle\limsup_{n \to \infty} \sqrt[n]{|c_n|}$ が成り立つ．これを**コーシー・アダマールの公式**という．

$$\widehat{\boldsymbol{x}}(z) = \sum_{n=0}^{\infty} \boldsymbol{x}(n) z^n = \begin{pmatrix} \displaystyle\sum_{n=0}^{\infty} x_1(n) z^n \\ \vdots \\ \displaystyle\sum_{n=0}^{\infty} x_d(n) z^n \end{pmatrix} \quad \left(\boldsymbol{x}(n) = \begin{pmatrix} x_1(n) \\ \vdots \\ x_d(n) \end{pmatrix} \right)$$

と定める．次に，この級数の収束性について考察しよう．

伝達関数

まず，状態方程式と初期条件により

$$\begin{aligned}
\boldsymbol{x}(n+1) &= A\boldsymbol{x}(n) + Bu(n) \\
&= A(A\boldsymbol{x}(n-1) + Bu(n-1)) + Bu(n) \\
&= A^2\boldsymbol{x}(n-1) + ABu(n-1) + Bu(n) \\
&\vdots \\
&= A^{n+1}\boldsymbol{x}(0) + A^n Bu(0) + \cdots + ABu(n-1) + Bu(n) \\
&= \sum_{k=0}^{n} A^{n-k} Bu(k)
\end{aligned}$$

が得られる．よって，形式的に計算すれば，

$$\begin{aligned}
\widehat{\boldsymbol{x}}(z) &= \sum_{n=0}^{\infty} \boldsymbol{x}(n+1) z^{n+1} \\
&= z \sum_{n=0}^{\infty} \left(\sum_{k=0}^{n} A^{n-k} Bu(k) \right) z^n \\
&= z \left(\sum_{n=0}^{\infty} z^n A^n \right) \left(\sum_{n=0}^{\infty} z^n Bu(n) \right)
\end{aligned}$$

が導かれる．今，

114 第 3 章 ラプラス変換と z 変換

$$\sum_{n=0}^{N} z^n Bu(n) = B\sum_{n=0}^{N} u(n)z^n \to B\sum_{n=0}^{\infty} u(n)z^n \quad (N \to \infty),$$

すなわち,

$$\sum_{n=0}^{\infty} z^n Bu(n) = B\sum_{n=0}^{\infty} u(n)z^n = B\widehat{u}(z)$$

が成り立つ. また, 定理 C.1（付録 C）により, $|z|$ が十分小さければ,

$$\sum_{n=0}^{\infty} z^n A^n = (I - zA)^{-1}$$

が成り立つ. よって, $|z|$ が十分小さければ, 状態変数 $\boldsymbol{x}$ の z 変換 $\widehat{\boldsymbol{x}}(z)$ は収束し,

$$
\begin{aligned}
\widehat{y}(z) &= C\widehat{\boldsymbol{x}}(z) + D\widehat{u}(z) \\
&= zC\left(\sum_{n=0}^{\infty} z^n A^n\right)\left(\sum_{n=0}^{\infty} z^n Bu(n)\right) + D\widehat{u}(z) \\
&= zC(I - zA)^{-1}B\widehat{u}(z) + D\widehat{u}(z) \\
&= (zC(I - zA)^{-1}B + D)\widehat{u}(z) \tag{3.5.2}
\end{aligned}
$$

が成り立つことがわかった. 最後に出てきた関数

$$\varphi(z) = zC(I - zA)^{-1}B + D$$

はシステム $\mathcal{S} = (A, B, C, D)$ の**伝達関数**とよばれる. もちろん, z 変換した先での入力と出力の比だからである. 特に, $\varphi(z) = \displaystyle\sum_{n=0}^{\infty} c_n z^n$ と表すとき, (3.5.2) から

$$y(n) = \sum_{k=0}^{n} c_{n-k} u(k)$$

が成り立つこともわかる. さて, これまで $|z|$ が十分小さいと仮定して議論を進めてきたが, φ そのものは $I - zA$ に逆行列が存在すれば定義できる. すなわち, $1/z$ が A の固有値でなければ φ は定義される.

例題 3.5.1. システム $\mathcal{S} = (A, B, C, D)$ の伝達関数 φ は有理関数であることを示せ.

(解答) まず, $I - zA$ の余因子行列を $\mathrm{adj}(I - zA)$ と表せば,

$$(I - zA)^{-1} = \frac{\mathrm{adj}(I - zA)}{\det(I - zA)}$$

が成り立つ. 特に, $\mathrm{adj}(I - zA)$ の各成分と $\det(I - zA)$ は z の多項式である. よって,

$$\varphi(z) = zC(I - zA)^{-1}B + D$$

は有理関数である.

問題 3.4

システム $\mathcal{S} = (A, B, C, D)$ とその伝達関数 φ を考える. また, 正則な d 次正方行列 T に対し, $\widetilde{\boldsymbol{x}}(n) = T^{-1}\boldsymbol{x}(n)$ $(n \geq 0)$, $\widetilde{A} = T^{-1}AT$, $\widetilde{B} = T^{-1}B$, $\widetilde{C} = CT$, $\widetilde{D} = D$ と定め, もう一つのシステム

$$\begin{cases} \widetilde{\boldsymbol{x}}(n+1) = \widetilde{A}\widetilde{\boldsymbol{x}}(n) + \widetilde{B}u(n) \\ y(n) = \widetilde{C}\boldsymbol{x}(n) + \widetilde{D}u(n) \qquad (n \geq 0) \\ \widetilde{\boldsymbol{x}}(0) = \boldsymbol{0} \end{cases}$$

を考える. このシステム $\widetilde{\mathcal{S}} = (\widetilde{A}, \widetilde{B}, \widetilde{C}, \widetilde{D})$ の伝達関数を $\widetilde{\varphi}$ とするとき, $\varphi = \widetilde{\varphi}$ が成り立つことを示せ.

安定性

ここではシステム (3.5.1) の安定性について考えよう. まず,

116 第3章 ラプラス変換とz変換

$$\ell^2 = \ell^2(\mathbb{Z}_{\geq 0}) = \left\{ u = \{u(n)\}_{n=0}^{\infty} : u(n) \in \mathbb{C}, \ \sum_{n=0}^{\infty} |u(n)|^2 < \infty \right\}$$

と定める. また, $u \in \ell^2$ に対し,

$$\|u\|_2 = \left(\sum_{n=0}^{\infty} |u(n)|^2 \right)^{1/2}$$

と定める. 入力 u に対し, $u \in \ell^2$ であれば, $\|u\|_\infty < \infty$ が成り立つ. さて, システム $\mathcal{S} = (A, B, C, D)$ の安定性について, ここでは次の定義を採用しよう.

定義 3.5.2. システム $\mathcal{S} = (A, B, C, D)$ に対し,

$$\|y\|_2 \leq M\|u\|_2 \quad (u \in \ell^2)$$

をみたす定数 $M > 0$ が存在するとき, $\mathcal{S}$ は ℓ^2-**安定**であるという.

定理 3.3.5 と同様に, 伝達関数 φ によりシステム $\mathcal{S} = (A, B, C, D)$ の ℓ^2-安定性を調べることができる. そのために次の関数のクラスを導入しよう.

有理関数の空間 $RH^\infty(\mathbb{D})$

定義 3.5.3. 次の2条件(i), (ii)をみたす有理関数 φ の全体を $RH^\infty(\mathbb{D})$ と表す.

  (i) φ は $\mathbb{D}$ で正則.
  (ii) φ は $\overline{\mathbb{D}} = \{z : |z| \leq 1\}$ で連続.

明らかに, 有理関数 φ が $RH^\infty(\mathbb{D})$ の元であるためには, φ の極がすべて $\{z : |z| > 1\}$ 内にあることが必要十分である. また, $\varphi \in RH^\infty(\mathbb{D})$ に対し,

$$\|\varphi\|_\infty = \max_{|z| \leq 1} |\varphi(z)|$$

と定める.

問題 3.5

$RH^\infty(\mathbb{D})$ は環であること, すなわち,

$$\varphi, \psi \in RH^\infty(\mathbb{D}) \Rightarrow \varphi + \psi, \; \varphi\psi \in RH^\infty(\mathbb{D})$$

が成り立つことを示せ. さらに,

$$\|\varphi + \psi\|_\infty \le \|\varphi\|_\infty + \|\psi\|_\infty, \quad \|\varphi\psi\|_\infty \le \|\varphi\|_\infty \|\psi\|_\infty$$

が成り立つことを示せ.

定理 3.5.4. システム $\mathcal{S} = (A, B, C, D)$ の伝達関数を φ とする. このとき, $\varphi \in RH^\infty(\mathbb{D})$ ならば, $\mathcal{S}$ は ℓ^2-安定かつ

$$\|y\|_2 \le \|\varphi\|_\infty \|u\|_2 \quad (u \in \ell^2)$$

が成り立つ.

[**証明**]　まず, $(3.5.2)$ から $\widehat{y}(z) = \varphi(z)\widehat{u}(z)$ $(z \in \mathbb{D})$ であり, φ と $\widehat{u}$ は $\mathbb{D}$ で正則であるから, $\widehat{y}$ も $\mathbb{D}$ で正則である. よって, パーセヴァルの等式 (定理 1.6.3) により,

$$
\begin{aligned}
\sum_{n=0}^{k} |y(n)|^2 r^{2n} &\le \sum_{n=0}^{\infty} |y(n)|^2 r^{2n} \\
&= \frac{1}{2\pi} \int_0^{2\pi} |\widehat{y}(re^{j\theta})|^2 \, d\theta \quad (\because \text{パーセヴァルの等式}) \\
&= \frac{1}{2\pi} \int_0^{2\pi} |\varphi(re^{j\theta})\widehat{u}(re^{j\theta})|^2 \, d\theta \\
&\le \frac{\|\varphi\|_\infty^2}{2\pi} \int_0^{2\pi} |\widehat{u}(re^{j\theta})|^2 \, d\theta \\
&= \|\varphi\|_\infty^2 \sum_{n=0}^{\infty} |u(n)|^2 r^{2n} \quad (\because \text{パーセヴァルの等式}) \\
&\le \|\varphi\|_\infty^2 \|u\|_2^2
\end{aligned}
$$

が成り立つ. ここで, $r \to 1$, $k \to \infty$ とすれば,

$$\|y\|_2^2 = \sum_{n=0}^{\infty} |y(n)|^2 \le \|\varphi\|_\infty^2 \|u\|_2^2$$

118   第 3 章   ラプラス変換と z 変換

を得る.   □

　定理 3.5.4 によれば，システムが安定であるためには伝達関数が $RH^\infty(\mathbb{D})$ の
関数であってほしい．よって，安定なシステムを構築するためには伝達関数の
極の位置が問題となる.

3.6   実現理論入門

　この節では，3.5 節の設定を引き継いで，伝達関数は豊富に存在することを示
そう.

定理 3.6.1.   原点の近傍で正則な有理関数 φ に対し, φ を伝達関数とするシス
テム $\mathcal{S} = (A, B, C, D)$ が存在する.

[**証明**]   まず, φ は

$$
\begin{aligned}
\varphi(z) &= \frac{b_0 + b_1 z + \cdots + b_n z^n}{1 + a_1 z + \cdots + a_n z^n} \\
&= b_0 + \frac{(b_1 - b_0 a_1)z + \cdots + (b_n - b_0 a_n)z^n}{1 + a_1 z + \cdots + a_n z^n} \\
&= b_0 + \frac{c_1 z + \cdots + c_n z^n}{1 + a_1 z + \cdots + a_n z^n}
\end{aligned}
$$

と表される．ここで, $c_k = b_k - b_0 a_k$ と定めた．次に,

$$
A = \begin{pmatrix}
-a_1 & -a_2 & \cdots & -a_{n-1} & -a_n \\
1 & 0 & \cdots & 0 & 0 \\
\vdots & \ddots & \ddots & \vdots & \vdots \\
0 & 0 & \ddots & 0 & 0 \\
0 & 0 & \cdots & 1 & 0
\end{pmatrix}
$$

とおくと,

$$
\det(I - zA) = 1 + a_1 z + \cdots + a_n z^n \tag{3.6.1}
$$

が成り立つ. また,

$$B = \begin{pmatrix} 1 \\ 0 \\ \vdots \\ 0 \end{pmatrix}, \quad \begin{pmatrix} \psi_1(z) \\ \psi_2(z) \\ \vdots \\ \psi_n(z) \end{pmatrix} = (I - zA)^{-1}B$$

とおくと,

$$\psi_k(z) = \frac{z^{k-1}}{1 + a_1 z + \cdots + a_n z^n} \quad (1 \le k \le n) \tag{3.6.2}$$

が成り立つ. よって,

$$C = \begin{pmatrix} c_1 & c_2 & \cdots & c_n \end{pmatrix}, \quad D = b_0$$

とおけば,

$$zC(I - zA)^{-1}B + D = \frac{c_1 z + \cdots + c_n z^n}{1 + a_1 z + \cdots + a_n z^n} + b_0 = \varphi(z)$$

が得られる. □

問題 3.6

$n = 2, 3$ のときに, (3.6.1) と (3.6.2) を示せ[*9].

問題 3.7

次の関数を伝達関数とするシステム $\mathcal{S} = (A, B, C, D)$ を求めよ. ただし, (ii) では $a \in \mathbb{D}$ とする.

(i) $\dfrac{z - 1}{z + 1}$

(ii) $\dfrac{a - z}{1 - \overline{a} z}$

[*9] $n = 3$ のときの (3.6.1) について, サラスの方法を使ってもよいが, 第 3 列での展開を考えると一般化の方向が見える.

120　第3章　ラプラス変換と z 変換

例題 3.6.2. システム $\mathcal{S}_j = (A_j, B_j, C_j, D_j)$ $(j = 1, 2)$ の伝達関数

$$r_j(z) = zC_j(I - zA_j)^{-1}B_j + D_j$$

に対し，$r_1(z)r_2(z)$ を伝達関数とするシステム $\mathcal{S} = (A, B, C, D)$ を求めよ.

(解答) まず，

$r_1(z)r_2(z)$

$$= (zC_1(I - zA_1)^{-1}B_1 + D_1)(zC_2(I - zA_2)^{-1}B_2 + D_2)$$

$$= z^2C_1(I - zA_1)^{-1}B_1C_2(I - zA_2)^{-1}B_2 + zC_1(I - zA_1)^{-1}B_1D_2$$

$$+ zD_1C_2(I - zA_2)^{-1}B_2 + D_1D_2$$

と

$$z\begin{pmatrix} C_1 & D_1C_2 \end{pmatrix}\begin{pmatrix} (I - zA_1)^{-1} & X \\ O & (I - zA_2)^{-1} \end{pmatrix}\begin{pmatrix} B_1D_2 \\ B_2 \end{pmatrix} + D_1D_2$$

を比較する. このとき，

$$X = z(I - zA_1)^{-1}B_1C_2(I - zA_2)^{-1}$$

と定めればうまくいきそうである. 実際，この X に対し，

$$\begin{pmatrix} (I - zA_1)^{-1} & X \\ O & (I - zA_2)^{-1} \end{pmatrix}\begin{pmatrix} I - zA_1 & Y \\ O & I - zA_2 \end{pmatrix} = \begin{pmatrix} I & O \\ O & I \end{pmatrix}$$

を解いて，$Y = -zB_1C_1$ を得る. よって，

$$A = \begin{pmatrix} A_1 & B_1C_2 \\ O & A_2 \end{pmatrix}, \quad B = \begin{pmatrix} B_1D_2 \\ B_2 \end{pmatrix}, \quad C = \begin{pmatrix} C_1 & D_1C_2 \end{pmatrix}, \quad D = D_1D_2$$

と定めればよい.

3.6 実現理論入門　121

問題 3.8

例題 3.6.2 と同じ設定の下，$r_1(z) + r_2(z)$ を伝達関数とするシステム $\mathcal{S} = (A, B, C, D)$ を求めよ．

一般に，$\mathbb{D}$ から $\mathbb{D}$ への任意の正則関数 φ は

$$\varphi(z) = zC(I - zA)^{-1}B + D$$

と表すことができる．さらに，

$$U = \begin{pmatrix} A & B \\ C & D \end{pmatrix}$$

とおくとき，$U^*U = I$ が成り立つように A, B, C, D を選べる．これを H^∞-実現公式とよぶ．ただし，A, B, C, D は一般に行列ではなく，無限次元ヒルベルト空間上の有界線形作用素である．この話題は数学専攻の大学院レベルとなるため，これ以上のことは書けないが，次の定理はその有限次元版のさらに一部である[*10]．

定理 3.6.3. システム $\mathcal{S} = (A, B, C, D)$ に対し，

$$U = \begin{pmatrix} A & B \\ C & D \end{pmatrix}$$

とおく．$\|U\| \leq 1$ のとき，$\mathcal{S}$ の伝達関数 φ は $\mathbb{D}$ 上の正則関数である．さらに，U がユニタリ行列であれば，$|\varphi(z)| \leq 1$ $(z \in \mathbb{D})$ かつ $|\varphi(e^{j\theta})| = 1$ $(0 \leq \theta < 2\pi)$ が成り立つ．

[証明] $\|U\| \leq 1$ のとき $\|A\| \leq 1$ が成り立つ．よって，$(I - zA)^{-1}$ は $|z| < 1$ で収束する．したがって，前半の主張を得る．次に，U がユニタリ行列であることを仮定する．このとき，U の随伴行列 U^* は

$$U^* = \begin{pmatrix} A^* & C^* \\ B^* & D^* \end{pmatrix}$$

[*10]　詳細は Agler–McCarthy [2] を参照せよ．

122　第 3 章　ラプラス変換と z 変換

であるから，U^*U は

$$U^*U = \begin{pmatrix} A^*A + C^*C & A^*B + C^*D \\ B^*A + D^*C & B^*B + D^*D \end{pmatrix}$$

と表される．よって，

$$\begin{cases} A^*A + C^*C = I \\ A^*B + C^*D = O \\ B^*A + D^*C = O \\ B^*B + D^*D = 1 \end{cases} \tag{3.6.3}$$

が成り立つ．このとき，

$$\begin{aligned}
1 - |\varphi(z)|^2 &= 1 - (zC(I-zA)^{-1}B + D)^*(zC(I-zA)^{-1}B + D) \\
&= 1 - |z|^2 B^*(I - \overline{z}A^*)^{-1}C^*C(I-zA)^{-1}B \\
&\quad - \overline{z}B^*(I - \overline{z}A^*)^{-1}C^*D - zD^*C(I-zA)^{-1}B - D^*D \\
&= 1 - |z|^2 B^*(I - \overline{z}A^*)^{-1}(I - A^*A)(I-zA)^{-1}B \\
&\quad + \overline{z}B^*(I - \overline{z}A^*)^{-1}A^*B + zB^*A(I-zA)^{-1}B - (1 - B^*B) \\
&= B^*(I - \overline{z}A^*)^{-1}(I - |z|^2 I)(I-zA)^{-1}B \\
&= (1 - |z|^2)\langle (I-zA)^{-1}B, (I-zA)^{-1}B \rangle \\
&\geq 0
\end{aligned}$$

を得る．よって，$|\varphi(z)| \leq 1$ $(z \in \mathbb{D})$ が成り立つことがわかった．さらに，例題 3.5.1 で見たように，行列 $(I-zA)^{-1}$ の各成分は分母を $\det(I-zA)$ とする z の有理関数である．よって，$(I - e^{j\theta}A)^{-1}$ が存在すれば，$1 - |\varphi(re^{j\theta})|^2 \to 0$ $(r \to 1)$ が成り立つこともわかる．最後に，すべての $0 \leq \theta < 2\pi$ に対して $|\varphi(e^{j\theta})| = 1$ が成り立つことを示そう．今，例えば $(I - A)^{-1}$ が存在しないと仮定しよう．このとき，例題 3.5.1 で示したように φ は有理関数であるから，

$$\varphi(z) = \frac{1}{(z-1)^N} R(z)$$

と分解できる. ただし, $R(z)$ は $z=1$ で正則な有理関数かつ $R(1) \neq 0$ とする. ここで, $\delta > 0$ を十分小さく選べば, $\theta \in (-\delta, \delta) \setminus \{0\}$ に対し,

$$\varphi(re^{j\theta}) = \frac{1}{(re^{j\theta}-1)^N} R(re^{j\theta}) \to \frac{1}{(e^{j\theta}-1)^N} R(e^{j\theta}) \quad (r \to 1)$$

が成り立つ. 特に,

$$\left| \frac{1}{(e^{j\theta}-1)^N} R(e^{j\theta}) \right| = 1$$

が成り立つが, 引き続き $\theta \to 0$ とすれば, 矛盾が導かれる. よって, $(I-A)^{-1}$ が存在することがわかった. 以上のことにより, すべての $0 \le \theta < 2\pi$ に対して $|\varphi(e^{j\theta})| = 1$ が成り立つ. □

例題 3.6.4. システム $\mathcal{S} = (A, B, C, D)$ に対し,

$$U = \begin{pmatrix} A & B \\ C & D \end{pmatrix}$$

とおく. U がユニタリ行列ならば, すべての入力 u に対し,

$$\|\boldsymbol{x}(n+1)\|^2 - \|\boldsymbol{x}(n)\|^2 = |u(n)|^2 - |y(n)|^2 \quad (n \ge 0)$$

が成り立つことを示せ.

(**解答**) U がユニタリ行列のとき, (3.5.1)と(3.6.3)から

$$\|\boldsymbol{x}(n+1)\|^2$$
$$= \|A\boldsymbol{x}(n) + Bu(n)\|^2$$
$$= \|A\boldsymbol{x}(n)\|^2 + 2\operatorname{Re}\langle A\boldsymbol{x}(n), Bu(n)\rangle + \|Bu(n)\|^2$$
$$= \|\boldsymbol{x}(n)\|^2 - |C\boldsymbol{x}(n)|^2 - 2\operatorname{Re}(C\boldsymbol{x}(n))\overline{(Du(n))} + |u(n)|^2 - |Du(n)|^2$$

124 第3章 ラプラス変換と z 変換

$$= \|\boldsymbol{x}(n)\|^2 + |u(n)|^2 - |C\boldsymbol{x}(n) + Du(n)|^2$$

$$= \|\boldsymbol{x}(n)\|^2 + |u(n)|^2 - |y(n)|^2$$

が成り立つ.

4

第4章

積分方程式

4.1 積分作用素

設定

この章では閉区間 $[0, 1]$ 上で定義された関数を扱う．まず，1.6 節と同様に，$[0, 1]$ 上で定義された関数 f に対し，

$$\int_0^1 |f(t)|^2 \, dt < \infty$$

が成り立つとき，f は 2 乗可積分関数または L^2 関数とよばれる．この節では $[0, 1]$ 上の 2 乗可積分関数の全体 $L^2([0, 1])$ を考える．このルベーグ空間 $L^2([0, 1])$ を考える上で，通常はルベーグ可測関数を対象とするが，この章では，$L^2([0, 1])$ の関数として区分的に連続な関数だけを考えれば十分である[*1]．このとき，$L^2([0, 1])$ における L^2-**内積**と L^2-**ノルム**を

$$\langle f, g \rangle = \int_0^1 f(t)\overline{g(t)} \, dt \quad (f, g \in L^2([0, 1]))$$

$$\|f\| = \left(\int_0^1 |f(t)|^2 \, dt \right)^{1/2} \quad (f \in L^2([0, 1]))$$

と定めれば，1.2 節と同様に，任意の $f, g \in L^2([0, 1])$ に対し，**コーシー・シュワルツの不等式**

$$|\langle f, g \rangle| \leq \|f\| \|g\|$$

や三角不等式

[*1] L^2 の完備性は使わないということである．

125

126　第4章　積分方程式

$$\|f + g\| \leq \|f\| + \|g\|$$

が成り立つ．また，$\{\varphi_k\}_{k=1}^n \subset L^2([0,1])$ に対し，

$$\langle \varphi_j, \varphi_k \rangle = \begin{cases} 1 & (j = k) \\ 0 & (j \neq k) \end{cases}$$

が成り立つとき，$\{\varphi_k\}_{k=1}^n$ は**正規直交系**とよばれる．ここで，$n = \infty$ でもよい．

問題 4.1 ──────────

$\{\varphi_k\}_{k=1}^n$ が正規直交系であるとき，任意の $f \in L^2([0,1])$ に対し，**ベッセルの不等式**

$$\sum_{k=1}^n |\langle f, \varphi_k \rangle|^2 \leq \|f\|^2 \tag{4.1.1}$$

が成り立つことを示せ（ヒント：定理 1.2.7 の証明を真似ればよい）．

また，$[0,1]$ 上の連続関数の全体を $C([0,1])$ と表す．ただし，ここでは周期性を仮定しない．このとき，1.3 節と同様に，

$$\|f\|_\infty = \max_{0 \leq t \leq 1} |f(t)| \quad (f \in C([0,1]))$$

と定め，これを f の**無限大ノルム**とよぶ．そして，任意の $f, g \in C([0,1])$ に対し，**三角不等式**

$$\|f + g\|_\infty \leq \|f\|_\infty + \|g\|_\infty$$

が成り立つ．

フレドホルム型の積分作用素

まず，$K = K(x,y)$ を $[0,1] \times [0,1]$ 上で定義された連続関数とし，

$$(Tf)(x) = \int_0^1 K(x,y)f(y) \, dy \quad (f \in L^2([0,1])) \tag{4.1.2}$$

と定めよう．このような形をした積分は第1章の中で，例えば，(1.3.1)や(1.4.5)ですでに出会っている．また，(4.1.2)は区分求積法を用いて

$$(Tf)\left(\frac{i}{n}\right) = \sum_{j=1}^{n} K\left(\frac{i}{n}, \frac{j}{n}\right) f\left(\frac{j}{n}\right) \frac{1}{n}$$

により近似されるが，これは行列を用いて

$$\begin{pmatrix} (Tf)\left(\frac{1}{n}\right) \\ \vdots \\ (Tf)\left(\frac{n}{n}\right) \end{pmatrix} = \begin{pmatrix} K\left(\frac{1}{n}, \frac{1}{n}\right)\frac{1}{n} & \cdots & K\left(\frac{1}{n}, \frac{n}{n}\right)\frac{1}{n} \\ \vdots & \ddots & \vdots \\ K\left(\frac{n}{n}, \frac{1}{n}\right)\frac{1}{n} & \cdots & K\left(\frac{n}{n}, \frac{n}{n}\right)\frac{1}{n} \end{pmatrix} \begin{pmatrix} f\left(\frac{1}{n}\right) \\ \vdots \\ f\left(\frac{n}{n}\right) \end{pmatrix}$$

と表される．したがって，(4.1.2)は連立1次方程式を連続化したものと考えられる．さて，積分の線形性から(4.1.2)は線形写像

$$T : f \mapsto Tf \quad (f \in L^2([0,1]))$$

を定める．すなわち，

$$T(\alpha f + \beta g) = \alpha Tf + \beta Tg \quad (\alpha, \beta \in \mathbb{C}, \ f, g \in L^2([0,1]))$$

が成り立つ．この線形写像 T を**フレドホルム型の積分作用素**とよぶことにしよう．

例題 4.1.1. T をフレドホルム型の積分作用素とする．このとき，$Tf \in C([0,1])$ $(f \in L^2([0,1]))$ を示せ．

（**解答**） コーシー・シュワルツの不等式により，

$$\begin{aligned} |(Tf)(x_1) - (Tf)(x_2)| &= \left| \int_0^1 K(x_1, y) f(y) \, dy - \int_0^1 K(x_2, y) f(y) \, dy \right| \\ &= \left| \int_0^1 (K(x_1, y) - K(x_2, y)) f(y) \, dy \right| \\ &\leq \left(\int_0^1 |K(x_1, y) - K(x_2, y)|^2 \, dy \right)^{1/2} \|f\| \end{aligned}$$

128　第4章　積分方程式

が成り立つ. また, K は一様連続であるから[*2],

$$\max_{0 \leq y \leq 1} |K(x_1, y) - K(x_2, y)| \to 0 \quad (x_1 \to x_2)$$

が成り立つ. 以上のことから, $Tf \in C([0,1])$ が導かれる.

例題 4.1.2. T をフレドホルム型の積分作用素とする. また, $T^n f = T(T^{n-1}f)\ (n \geq 2)$ と定める. このとき,

$$(T^n f)(x) = \int_0^1 \cdots \int_0^1 K(x, y_1) \cdots K(y_{n-1}, y_n) f(y_n)\ dy_1 \cdots dy_n$$

が成り立つことを示せ.

(**解答**)　例えば $n = 2$ のとき,

$$
\begin{aligned}
(T^2 f)(x) &= \int_0^1 K(x, y)(Tf)(y)\ dy \\
&= \int_0^1 K(x, y)\left(\int_0^1 K(y, z)f(z)\ dz\right) dy \\
&= \int_0^1 \int_0^1 K(x, y)K(y, z)f(z)\ dydz
\end{aligned}
$$

が成り立つ. 引き続き, 帰納的に計算すれば,

$$(T^n f)(x) = \int_0^1 \cdots \int_0^1 K(x, y_1) \cdots K(y_{n-1}, y_n) f(y_n)\ dy_1 \cdots dy_n$$

が得られる.

ヴォルテラ型の積分作用素

ここでは, 線形常微分方程式

[*2]　2変数関数に対しても同様である. 任意の $\varepsilon > 0$ に対し, $((x - x')^2 + (y - y')^2)^{1/2} < \delta \Rightarrow |K(x, y) - K(x', y')| < \varepsilon$ をみたす $\delta > 0$ が存在するとき, K は**一様連続**といわれる. そして, 有界閉区間上の連続関数は一様連続である.

$$y'' + p_1(x)y' + p_2(x)y = f(x), \quad y(0) = y'(0) = 0 \tag{4.1.3}$$

を考える. このとき, $z = y''$ を未知関数と考えると, y' は

$$y' = \int_0^x z(x_1) \, dx_1$$

と表される. さらに,

$$
\begin{aligned}
y(x) &= \int_0^x y'(x_1) \, dx_1 \\
&= \int_0^x \left(\int_0^{x_1} z(x_2) \, dx_2 \right) dx_1 \\
&= \int_0^x \left(\int_{x_2}^x dx_1 \right) z(x_2) \, dx_2 \\
&= \int_0^x (x - x_2) z(x_2) \, dx_2
\end{aligned}
$$

が成り立つ. よって, (4.1.3)は z を未知関数とする積分方程式

$$z + \int_0^x (p_1(x) + p_2(x)(x - x_1)) z(x_1) \, dx_1 = f(x) \tag{4.1.4}$$

に変換される. 以上の議論は一般の n 階線形常微分方程式にも適用可能である.

さて, フレドホルム型の積分作用素のときと同様な $K = K(x, y)$ を用いて, (4.1.4)に現れた積分を一般化した

$$(V_K f)(x) = \int_0^x K(x, y) f(y) \, dy$$

を考える. この積分から定まる線形写像

$$V_K : f \mapsto V_K f \quad (f \in C([0, 1]))$$

を**ヴォルテラ型の積分作用素**とよぶことにしよう. 特に, $K = 1$ のとき, $V = V_1$ と表すことにする. すなわち,

130　第 4 章　積分方程式

$$(Vf)(x) = \int_0^x f(y) \, dy \quad (f \in C([0,1])) \tag{4.1.5}$$

と定める. この V は**ヴォルテラ作用素**とよばれる. 本書では, ヴォルテラ作用素は $C([0,1])$ 上で定義された写像として扱う[*3]. したがって, ヴォルテラ作用素は不定積分そのものである.

例題 4.1.3. V_K をヴォルテラ型の積分作用素とする. このとき, $V_K f \in C([0,1])$ $(f \in C([0,1]))$ を示せ.

（**解答**）　まず, 任意の $\varepsilon > 0$ に対し,

$$\begin{aligned}
&|(V_K f)(x+\varepsilon) - (V_K f)(x)| \\
&= \left| \int_0^{x+\varepsilon} K(x+\varepsilon, y) f(y) \, dy - \int_0^x K(x,y) f(y) \, dy \right| \\
&\leq \left| \int_0^{x+\varepsilon} K(x+\varepsilon, y) f(y) \, dy - \int_0^x K(x+\varepsilon, y) f(y) \, dy \right| \\
&\quad + \left| \int_0^x K(x+\varepsilon, y) f(y) \, dy - \int_0^x K(x,y) f(y) \, dy \right| \\
&= \left| \int_x^{x+\varepsilon} K(x+\varepsilon, y) f(y) \, dy \right| \\
&\quad + \left| \int_0^x (K(x+\varepsilon, y) - K(x,y)) f(y) \, dy \right|
\end{aligned}$$

が成り立つ. ここで, $\|K\|_\infty = \max\limits_{0 \leq x, y \leq 1} |K(x,y)|$ とおけば,

$$\begin{aligned}
\left| \int_x^{x+\varepsilon} K(x+\varepsilon, y) f(y) \, dy \right| &\leq \int_x^{x+\varepsilon} |K(x+\varepsilon, y) f(y)| \, dy \\
&\leq \varepsilon \|K\|_\infty \|f\|_\infty \to 0 \quad (\varepsilon \to 0)
\end{aligned}$$

が得られる. さらに, 例題 4.1.1 の解答と同様にして,

[*3]　もちろん, V を $L^2([0,1])$ 上で定義することも可能であるが, 微分方程式との関連を直接扱いたいため, ここではこのように設定する.

$$\left| \int_0^x (K(x+\varepsilon, y) - K(x,y)) f(y) \, dy \right|$$

$$\leq \int_0^1 |(K(x+\varepsilon, y) - K(x,y)) f(y)| \, dy$$

$$\leq \|f\|_\infty \int_0^1 |K(x+\varepsilon, y) - K(x,y)| \, dy$$

$$\to 0 \quad (\varepsilon \to 0)$$

を示すことができる．以上のことから，$V_K f \in C([0,1])$ が導かれる．

フレドホルム型の積分作用素のときと同様に，ヴォルテラ作用素を離散化すると行列

$$\begin{pmatrix} 0 & & 0 \\ & \ddots & \\ 1 & & 0 \end{pmatrix}$$

が現れることに注意しよう．ここで対角成分を 0 にした理由は次の例題 4.1.4 である．

例題 4.1.4. V をヴォルテラ作用素とする．また，$V^n f = V(V^{n-1} f) \, (n \geq 2)$ と定める．このとき，次の問いに答えよ．

(i) 等式

$$(V^n f)(x) = \int_0^x \frac{(x-y)^{n-1}}{(n-1)!} f(y) \, dy$$

を示せ．

(ii) $V^n f \to 0 \, (n \to \infty)$ を示せ．

（解答）

(i) 例えば $n = 2$ のとき，

132 第4章 積分方程式

$$(V^2 f)(x) = \int_0^x \left(\int_0^{y_1} f(y_2) \, dy_2 \right) dy_1$$

$$= \int_0^x \left(\int_{y_2}^x dy_1 \right) f(y_2) \, dy_2$$

$$= \int_0^x (x - y_2) f(y_2) \, dy_2$$

が成り立つ. 引き続き, 帰納的に計算すれば,

$$(V^n f)(x) = \int_0^x \frac{(x - y)^{n-1}}{(n-1)!} f(y) \, dy$$

が得られる. 特に, V^n はヴォルテラ型の積分作用素である.

(ii) (i) で示したことから,

$$|(V^n f)(x)| = \left| \int_0^x \frac{(x - y)^{n-1}}{(n-1)!} f(y) \, dy \right|$$

$$\leq \int_0^1 \left| \frac{(x - y)^{n-1}}{(n-1)!} f(y) \right| dy$$

$$\leq \frac{1}{(n-1)!} \|f\|_\infty$$

が得られる. よって,

$$|(V^n f)(x)| \leq \|V^n f\|_\infty \leq \frac{1}{(n-1)!} \|f\|_\infty \to 0 \quad (n \to \infty) \tag{4.1.6}$$

が成り立つ.

問題 4.2

この問題の中では, ヴォルテラ型の積分作用素 V_K を $L^2([0,1])$ 上で定義された作用素として考える. このとき, 任意の $f \in L^2([0,1])$ に対し, $V_K f \in C([0,1])$ を示せ (ヒント:後の例題 4.2.3 を参考にするとよい).

4.2 線形作用素

一般に，$L^2([0,1])$ から $L^2([0,1])$ への写像 T が

$$T(\alpha f + \beta g) = \alpha Tf + \beta Tg \quad (\alpha, \beta \in \mathbb{C}, \, f, g \in L^2([0,1]))$$

をみたすとき，T は $L^2([0,1])$ 上の**線形作用素**とよばれる．例えば，4.1 節で導入したフレドホルム型の積分作用素はその例である．また，自明な例であるが $If = f \, (f \in L^2([0,1])$ や $Of = 0 \, (f \in L^2([0,1])$ により定まる写像も線形作用素であり，それぞれ**恒等作用素**，**零作用素**とよばれる．この節の中では，特に断らない限り，T を $L^2([0,1])$ 上の一般の線形作用素としよう．もちろん，T をフレドホルム型の積分作用素だと思って読み進めてもまったく問題ない．

作用素ノルム

$L^2([0,1])$ 上の線形作用素 T に対し，

$$\sup_{\|f\| \le 1} \|Tf\| < \infty$$

が成り立つとき，T は**有界**とよばれる．さらに，このとき，

$$\|T\| = \sup_{\|f\| \le 1} \|Tf\|$$

と表し，$\|T\|$ は T の**作用素ノルム**とよばれる．特に，$\|T\| = 0$ のとき，$T = O$ が成り立つ．

例題 4.2.1. T をフレドホルム型の積分作用素とする．このとき，T は $L^2([0,1])$ 上で有界であることを示せ．

（**解答**） $\|f\| \le 1$ のとき，コーシー・シュワルツの不等式により，

$$\|Tf\|^2 = \int_0^1 |(Tf)(x)|^2 \, dx$$

$$= \int_0^1 \left| \int_0^1 K(x,y)f(y) \, dy \right|^2 dx$$

134　第4章　積分方程式

$$\leq \int_0^1 \left(\int_0^1 |K(x,y)|^2 \, dy \right) \|f\|^2 \, dx$$

$$\leq \int_0^1 \int_0^1 |K(x,y)|^2 \, dxdy$$

が成り立つ．よって，T は有界である．

T が $L^2([0,1])$ 上の有界線形作用素であるとき，任意の $f \in L^2([0,1])$ に対し，

$$\|Tf\| \leq \|T\|\|f\| \tag{4.2.1}$$

が成り立つ．実際，$f = 0$ のときは自明であり，$f \neq 0$ のときは，

$$\|Tf\| = \left\| T\frac{f}{\|f\|} \right\| \|f\| \leq \|T\|\|f\|$$

が成り立つからである．特に，$\|f_n - f\| \to 0 \ (n \to \infty)$ のとき

$$\|Tf_n - Tf\| = \|T(f_n - f)\| \leq \|T\|\|f_n - f\| \to 0 \quad (n \to \infty)$$

を得る．よって，T は連続である．

問題 4.3

例題 4.1.3 により，ヴォルテラ作用素 V を $C([0,1])$ から $C([0,1])$ への写像とみなすことができる．このとき，$n \geq 1$ に対し，

$$\|V^n\| = \sup_{\|f\|_\infty \leq 1} \|V^n f\|_\infty$$

と定めると，

$$\|V^n\| \leq \frac{1}{(n-1)!}$$

が成り立つことを示せ．

自己共役作用素

$L^2([0,1])$ 上の有界線形作用素 T に対し，

4.2 線形作用素 135

$$\langle Tf, g \rangle = \langle f, Tg \rangle \quad (f, g \in L^2([0,1]))$$

が成り立つとき，T は**自己共役**といわれる．自己共役な線形作用素は**自己共役
作用素**とよばれる．

例題 4.2.2. $K = K(x, y)$ を $[0,1] \times [0,1]$ 上の連続関数とする．さらに，任
意の $x, y \in [0,1]$ に対し，

$$K(y, x) = \overline{K(x, y)} \tag{4.2.2}$$

が成り立つことを仮定する．このとき，この K により定義されるフレドホルム
型の積分作用素 T は自己共役であることを示せ．

（**解答**）　フレドホルム型の積分作用素の定め方と (4.2.2) により，

$$\begin{aligned}
\langle Tf, g \rangle &= \int_0^1 (Tf)(x)\overline{g(x)}\, dx \\
&= \int_0^1 \left(\int_0^1 K(x, y)f(y)\, dy \right)\overline{g(x)}\, dx \\
&= \int_0^1 f(y)\overline{\left(\int_0^1 K(y, x)g(x)\, dx \right)}\, dy \\
&= \int_0^1 f(y)\overline{(Tg)(y)}\, dy \\
&= \langle f, Tg \rangle
\end{aligned}$$

が成り立つ．

例題 4.2.3. この例題の中では，ヴォルテラ作用素 V を $L^2([0,1])$ 上で定義さ
れた線形作用素として考える．このとき，V は自己共役ではないことを示せ．

（**解答**）　まず，$Vf \in C([0,1])$ であることに注意する．実際，$x_1 < x_2$ のとき，
コーシー・シュワルツの不等式により，

136 第 4 章 積分方程式

$$|(Vf)(x_1) - (Vf)(x_2)| = \left| \int_{x_1}^{x_2} f(y) \ dy \right|$$

$$= \left| \int_0^1 \chi_{[x_1, x_2]}(y) f(y) \ dy \right|$$

$$\leq \sqrt{x_2 - x_1} \|f\|$$

が成り立つからである. ここで, $\chi_{[x_1, x_2]}$ は $[x_1, x_2]$ の特性関数である. さて, L^2-内積を積分に戻し, 積分の順序を変更すると

$$\langle Vf, g \rangle = \int_0^1 \left(\int_0^x f(y) \ dy \right) \overline{g(x)} \ dx$$

$$= \int_0^1 \overline{\left(\int_x^1 g(y) \ dy \right)} f(x) \ dx$$

が成り立つ. 明らかに,

$$\int_0^x g(y) \ dy \neq \int_x^1 g(y) \ dy$$

であるから, $\langle Vf, g \rangle \neq \langle f, Vg \rangle$ となり, V は自己共役ではない. ついでに,

$$(V^* g)(x) = \int_x^1 g(y) \ dy$$

とおけば, $\langle Vf, g \rangle = \langle f, V^* g \rangle$ が成り立つことがわかった. この V^* は V の共役作用素とよばれる.

次の定理は自己共役作用素の理論において非常に重要である.

定理 4.2.4. 有界な自己共役作用素 T に対し,

$$\|T\| = \sup_{\|f\|=1} |\langle Tf, f \rangle|$$

が成り立つ.

[**証明**] まず, $\langle Tf, f \rangle$ は実数であることに注意しよう. 実際, T の自己共役性

と L^2-内積の性質により

$$\langle Tf, f \rangle = \langle f, Tf \rangle = \overline{\langle Tf, f \rangle}$$

が成り立つからである. さて, $\alpha = \sup_{\|f\|=1} |\langle Tf, f \rangle|$ とおくと, $\|f\| = 1$ のとき, コーシー・シュワルツの不等式と $(4.2.1)$ により,

$$|\langle Tf, f \rangle| \leq \|Tf\| \|f\| \leq \|T\| \|f\|^2 = \|T\|$$

が成り立つ. よって, $\alpha \leq \|T\|$ を得る. 次に, 任意の $f, g \in L^2([0,1])$ に対し,

$$\alpha \|f + g\|^2 \geq \langle T(f + g), f + g \rangle$$
$$= \langle Tf, f \rangle + 2 \operatorname{Re}\langle Tf, g \rangle + \langle Tg, g \rangle$$

が成り立つ. さらに,

$$-\alpha \|f - g\|^2 \leq \langle T(f - g), f - g \rangle$$
$$= \langle Tf, f \rangle - 2 \operatorname{Re}\langle Tf, g \rangle + \langle Tg, g \rangle$$

も成り立つ. 以上のことから, $\|f\| \leq 1$ かつ $\|g\| \leq 1$ のとき,

$$4 \operatorname{Re}\langle Tf, g \rangle \leq \alpha(\|f + g\|^2 + \|f - g\|^2) = 2\alpha(\|f\|^2 + \|g\|^2) \leq 4\alpha$$

が得られる. したがって, $Tf \neq 0$ のとき, $g = Tf/\|Tf\|$ の場合を考えれば, $\|Tf\| \leq \alpha$ を得る. 一方, $Tf = 0$ のときもこの不等式は明らか成り立つので, 作用素ノルムの定義により $\|T\| \leq \alpha$ が成り立つことがわかった. よって, 前半に示したことと合わせて, $\|T\| = \alpha$ が得られた. □

4.3 固有値と固有関数

T を $L^2([0,1])$ 上の有界線形作用素とする. 線形代数での用語と同じように, 複素数 λ と零でない関数 $\varphi \in L^2([0,1])$ に対し,

138　第4章　積分方程式

$$T\varphi = \lambda\varphi$$

が成り立つとき，λ を T の**固有値**，φ を λ に対応する T の**固有関数**という．また，これから，$\varphi, \psi \in L^2([0,1])$ に対し，$\langle \varphi, \psi \rangle = 0$ のとき，φ と ψ は**直交**するという．自己共役作用素の固有値と固有関数については，次の事実が基本的である．

定理 4.3.1. 自己共役作用素 T が固有値をもつとき，次が成り立つ．

(i) T の固有値はすべて実数である．

(ii) T の異なる固有値に対応する固有関数は直交する．

[**証明**] まず，(i)を示そう．λ を T の固有値とし，φ を λ に対応する T の固有関数とする．このとき，T の自己共役性により，

$$\lambda\|\varphi\|^2 = \langle \lambda\varphi, \varphi \rangle = \langle T\varphi, \varphi \rangle = \langle \varphi, T\varphi \rangle = \langle \varphi, \lambda\varphi \rangle = \overline{\lambda}\|\varphi\|^2$$

が成り立つ．今，$\varphi \neq 0 \Leftrightarrow \|\varphi\| \neq 0$ に注意すると，$\lambda = \overline{\lambda}$ が導かれる．よって，λ は実数である．

次に(ii)を示そう．T の相異なる固有値 λ, μ に対し，λ, μ それぞれに対応する T の固有関数を φ, ψ とする．このとき，T の自己共役性と(i)により，

$$\lambda\langle \varphi, \psi \rangle = \langle \lambda\varphi, \psi \rangle = \langle T\varphi, \psi \rangle = \langle \varphi, T\psi \rangle = \langle \varphi, \mu\psi \rangle = \mu\langle \varphi, \psi \rangle$$

が成り立つ．よって，$\langle \varphi, \psi \rangle = 0$ が成り立つ． □

次に，4.1 節で定めたフレドホルム型の積分作用素 T の固有値と固有関数の構造について調べよう．まず，T と連続関数の理論とをつなげる次の補題を用意する．

補題 4.3.2. T をフレドホルム型の積分作用素とする．このとき，$L^2([0,1])$ 内の任意の有界列 $\{f_n\}_{n \geq 1}$ に対し[*4]，

[*4] 関数列 $\{f_n\}_{n \geq 1}$ に対し，$\|f_n\| \leq M$ $(n \geq 1)$ をみたす定数 $M > 0$ が存在するとき，$\{f_n\}_{n \geq 1}$ は**有界**といわれる．なお，ここでは L^2-ノルムに対して述べたが，他のノルム，例えば無限大ノルムに対しても関数列の有界性が定義される．

4.3 固有値と固有関数 139

(i) $Tf_n \in C([0,1])$,

(ii) $\sup\limits_{n \geq 1} \|Tf_n\|_\infty < \infty$ （**一様有界性**）,

(iii) $\sup\limits_{\substack{|x_1-x_2|<\delta \\ n \geq 1}} |(Tf_n)(x_1) - (Tf_n)(x_2)| \to 0 \ (\delta \to +0)$ （**同程度連続性**）

が成り立つ.

[**証明**] (i)は例題 4.1.1 で示した. (ii)を示そう.

$$\|K\|_\infty = \max_{0 \leq x,y \leq 1} |K(x,y)|, \quad M = \sup_{n \geq 1} \|f_n\|$$

とおくと,

$$|(Tf_n)(x)| = \left| \int_0^1 K(x,y)f_n(y) \, dy \right|$$

$$\leq \int_0^1 |K(x,y)f_n(y)| \, dy$$

$$\leq \|K\|_\infty \int_0^1 |f_n(y)| \, dy$$

$$\leq \|K\|_\infty M$$

が成り立つ. 最後の不等式を導くときにコーシー・シュワルツの不等式を用いた. このようにして, (ii)が得られる. 次に, (iii)を示そう. 再びコーシー・シュワルツの不等式により

$$|(Tf_n)(x_1) - (Tf_n)(x_2)| = \left| \int_0^1 (K(x_1,y) - K(x_2,y))f_n(y) \, dy \right|$$

$$\leq \left(\int_0^1 |K(x_1,y) - K(x_2,y)|^2 \, dy \right)^{1/2} M$$

が成り立つ. また, K は $[0,1] \times [0,1]$ 上で一様連続である. 以上のことから (iii)を得る. □

140　第4章　積分方程式

定理 4.3.3. 自己共役なフレドホルム型の積分作用素 T に対し，$\|T\|$ または $-\|T\|$ が T の固有値となる.

[証明] T は有界な自己共役作用素であるから，定理 4.2.4 により，

$$\|f_n\| = 1 \quad \text{かつ} \quad |\langle Tf_n, f_n \rangle| \to \|T\| \quad (n \to \infty)$$

をみたす関数列 $\{f_n\}_{n \geq 1}$ を $L^2([0,1])$ から選ぶことができる．このとき，実数列 $\{\langle Tf_n, f_n \rangle\}_{n \geq 1}$ から部分列を選ぶことにより

$$\langle Tf_n, f_n \rangle \to \|T\| \quad (n \to \infty) \quad \text{または} \quad \langle Tf_n, f_n \rangle \to -\|T\| \quad (n \to \infty)$$

と仮定してよい．以下，前者を仮定する．さらに，補題 4.3.2 とアスコリ・アルツェラの定理（定理 A.2（付録 A））により，Tf_n が連続関数 φ に一様収束すると仮定してよい．このとき，

$$\begin{aligned}
\|Tf_n - \|T\|f_n\|^2 &= \|Tf_n\|^2 + \|T\|^2\|f_n\|^2 - 2\|T\|\langle Tf_n, f_n \rangle \\
&\to \|\varphi\|^2 + \|T\|^2 - 2\|T\|^2 \quad (n \to \infty) \\
&= \|\varphi\|^2 - \|T\|^2
\end{aligned}$$

が成り立つ．したがって，$\|\varphi\| \geq \|T\|$ を得る．特に，$\varphi \neq 0$ が導かれる．また，

$$\begin{aligned}
\|Tf_n - \|T\|f_n\|^2 &= \|Tf_n\|^2 + \|T\|^2\|f_n\|^2 - 2\|T\|\langle Tf_n, f_n \rangle \\
&\leq \|T\|^2 + \|T\|^2 - 2\|T\|\langle Tf_n, f_n \rangle \\
&\to \|T\|^2 + \|T\|^2 - 2\|T\|^2 \quad (n \to \infty) \\
&= 0
\end{aligned}$$

も成り立つ．よって，

$$\begin{aligned}
\|T\varphi - \|T\|\varphi\| &\leq \|T\varphi - T(Tf_n)\| + \|T(Tf_n) - \|T\|Tf_n\| + \|\|T\|Tf_n - \|T\|\varphi\| \\
&\leq \|T\|\|\varphi - Tf_n\| + \|T\|\|Tf_n - \|T\|f_n\| + \|T\|\|Tf_n - \varphi\| \\
&\to 0 \quad (n \to \infty)
\end{aligned}$$

が成り立つ. したがって, $T\varphi = \|T\|\varphi$ を得る. $\langle Tf_n, f_n \rangle \to -\|T\|$ $(n \to \infty)$ の場合も同様である. $\square$

問題 4.4

$\langle Tf_n, f_n \rangle \to -\|T\|$ $(n \to \infty)$ の場合に定理 4.3.3 の証明を完成させよ.

定理 4.3.4. 自己共役なフレドホルム型の積分作用素 T に対し, 以下が成り立つ.

(i) T の 0 ではない固有値の重複度は有限である.

(ii) T の固有値の全体は高々可算であり, 集積点があればそれは 0 のみである.

[**証明**] まず, (i) を示そう. T に重複度無限となる固有値 $\lambda \neq 0$ が存在したと仮定し, λ に対応する固有関数からなる正規直交系 $\{\varphi_j\}_{j \geq 1}$ を考える. このとき, $T\varphi_j = \lambda\varphi_j$ と補題 4.3.2 の (i) により, 各 φ_j は $[0,1]$ 上の連続関数である. さらに, 補題 4.3.2 の (ii) と (iii) により, アスコリ・アルツェラの定理 (定理 A.2) が使え, $\{T\varphi_j\}_{j \geq 1}$ から $C([0,1])$ 内で一様収束する部分列 $\{T\varphi_{j_k}\}_{k \geq 1}$ を選ぶことができる. しかし,

$$\|T\varphi_{j_k} - T\varphi_{j_\ell}\|_\infty^2 \geq \|T\varphi_{j_k} - T\varphi_{j_\ell}\|^2 = \|\lambda\varphi_{j_k} - \lambda\varphi_{j_\ell}\|^2 = 2\lambda^2 > 0$$

であるから, これは矛盾である.

次に, (ii) を示そう. T の固有値の列 $\{\lambda_j\}_{j \geq 1}$ で $\lambda \neq 0$ に収束するものがあったとする. ただし, $\lambda_j \neq \lambda_k$ $(j \neq k)$ を仮定する. このとき, 定理 4.3.1 により, 各 λ_j に対応する固有関数 φ_j を, $\{\varphi_j\}_{j \geq 1}$ が正規直交系になるように選べる. さらに, 補題 4.3.2 とアスコリ・アルツェラの定理 (定理 A.2) により, 部分列 $\{T\varphi_{j_k}\}_{k \geq 1}$ を $C([0,1])$ 内で一様収束するように選ぶことができる. ところが,

$$\|T\varphi_{j_k} - T\varphi_{j_\ell}\|^2 = \|\lambda_{j_k}\varphi_{j_k} - \lambda_{j_\ell}\varphi_{j_\ell}\|^2 = \lambda_{j_k}^2 + \lambda_{j_\ell}^2$$

であるから,

142　第 4 章　積分方程式

$$\lim_{k,\ell\to\infty}\|T\varphi_{j_k}-T\varphi_{j_\ell}\|_\infty^2 \geq \lim_{k,\ell\to\infty}\|T\varphi_{j_k}-T\varphi_{j_\ell}\|^2$$

$$= \lim_{k,\ell\to\infty}(\lambda_{j_k}^2+\lambda_{j_\ell}^2)=2\lambda^2\neq 0$$

が成り立つ. これは $\{T\varphi_{j_k}\}_{k\geq 1}$ が $C([0,1])$ 内で一様収束することに反する. よって，T の固有値の列 $\{\lambda_j\}_{j\geq 1}$ で $\lambda\neq 0$ に収束するものは存在しない.

最後に，T の固有値の集合 Λ に対し，その集積点は存在するならば 0 しかないので，任意の $n\in\mathbb{N}$ に対し，

$$\Lambda_n = \left\{\lambda\in\Lambda : \frac{\|T\|}{n+1} < |\lambda| \leq \frac{\|T\|}{n}\right\}$$

は有限集合であり，

$$\Lambda \subset \{0\}\cup\bigcup_{n=1}^\infty \Lambda_n$$

が成り立つ. したがって，Λ は高々可算集合である. □

問題 4.5

ヴォルテラ作用素 V に固有値は存在しないことを示せ.

4.4　ヒルベルト・シュミットの展開定理

この節では，自己共役なフレドホルム型の積分作用素 T は対角化可能であることを示す. そのために，T を近似する "対角行列" の列を帰納的に構成する. 以下，T は自己共役なフレドホルム型の積分作用素とする. さらに，T は零作用素ではないとする. まず，$S_0 = T$ とおくと，定理 4.3.3 により，

$$S_0\varphi_1 = \lambda_1\varphi_1, \quad |\lambda_1| = \|S_0\|, \quad \|\varphi_1\| = 1$$

をみたす実数 λ_1 と連続関数 φ_1 が定まる. 次に，

$$(f\otimes g)h = \langle h,g\rangle f \quad (f,g,h\in L^2([0,1]))$$

4.4 ヒルベルト・シュミットの展開定理 143

という記号を導入し,

$$T_1 = \lambda_1(\varphi_1 \otimes \varphi_1), \quad S_1 f = Tf - T_1 f \quad (f \in L^2([0,1]))$$

と定める.このとき,T_1 と S_1 は自己共役作用素である[*5].ここで,$T \neq T_1$ ならば,S_1 は零作用素ではないから,再び定理 4.3.3 により,

$$S_1\varphi_2 = \lambda_2\varphi_2, \quad |\lambda_2| = \|S_1\|, \quad \|\varphi_2\| = 1$$

をみたす実数 λ_2 と連続関数 φ_2 が定まる.このとき,

$$T_2 = \lambda_1(\varphi_1 \otimes \varphi_1) + \lambda_2(\varphi_2 \otimes \varphi_2), \quad S_2 f = Tf - T_2 f \quad (f \in L^2([0,1]))$$

と定める.以下,この手順を繰り返し,帰納的に

$$T_n = \sum_{j=1}^{n} \lambda_j(\varphi_j \otimes \varphi_j), \quad S_n f = Tf - T_n f \quad (f \in L^2([0,1])) \qquad (4.4.1)$$

と定める.ここで定めた T_n と S_n も自己共役作用素であることを確認しておこう.今,$n \geq 1$ に対し,連続な 2 変数関数

$$K_n(x,y) = \sum_{j=1}^{n} \lambda_j \varphi_j(x)\overline{\varphi_j(y)}$$

を導入すると,$K_n(x,y)$ は (4.2.2) をみたす.また,$K_n(x,y)$ から定まるフレドホルム型の積分作用素に対し,

$$\int_0^1 K_n(x,y)f(y) \, dy = \sum_{j=1}^{n} \lambda_j \left(\int_0^1 \overline{\varphi_j(y)}f(y) \, dy \right) \varphi_j(x)$$

$$= \sum_{j=1}^{n-1} \lambda_j \langle f, \varphi_j \rangle \varphi_j(x)$$

$$= (T_n f)(x)$$

[*5] 後でまとめて解説する.

144　第4章　積分方程式

が成り立つ．よって，T_n は自己共役なフレドホルム型の積分作用素である．また，T と T_n の自己共役性から $S_n = T - T_n$ の自己共役性も導かれる．したがって，定理 4.3.3 により，

$$S_{n-1}\varphi_n = \lambda_n\varphi_n, \quad |\lambda_n| = \|S_{n-1}\|, \quad \|\varphi_n\| = 1 \quad (n \geq 2) \qquad (4.4.2)$$

をみたす実数 λ_n と連続関数 φ_n が定まる．

補題 4.4.1. T を自己共役なフレドホルム型の積分作用素とする．任意の $n \geq 1$ に対し，$\{\lambda_j\}_{1 \leq j \leq n}$ と $\{\varphi_j\}_{1 \leq j \leq n}$ は (4.4.1) と (4.4.2) の手順で定まるものとする．ただし，$\lambda_n \neq 0$ と仮定する．このとき，次が成り立つ．

(i) $\{\varphi_j\}_{1 \leq j \leq n}$ は正規直交系である．

(ii) 任意の $1 \leq j \leq n$ に対し，λ_j は T の固有値であり，φ_j はその固有関数である．

［証明］ **（$n = 1$ のとき）** $S_0 = T$ であるから (i) と (ii) が成り立つことは明らかである．

（$n = 2$ のとき） 今，$\lambda_2 \neq 0$ を仮定していて，さらに

$$S_1\varphi_1 = T\varphi_1 - \lambda_1(\varphi_1 \otimes \varphi_1)\varphi_1 = \lambda_1\varphi_1 - \lambda_1\varphi_1 = 0$$

が成り立つので，φ_1 と φ_2 は自己共役作用素 S_1 の異なる固有値に対応する固有関数である．よって，定理 4.3.1 により，φ_1 と φ_2 は直交する．さらに，このとき，

$$\lambda_2\varphi_2 = S_1\varphi_2 = T\varphi_2 - \lambda_1(\varphi_1 \otimes \varphi_1)\varphi_2 = T\varphi_2$$

が成り立つ．以上のことから，$n = 2$ のときに (i) と (ii) が成り立つことがわかった．

（一般の場合） $n-1$ まで主張が正しいと仮定する．今，$\lambda_n \neq 0$ を仮定していて，さらに

$$S_{n-1}\varphi_m = T\varphi_m - \sum_{j=1}^{n-1}\lambda_j(\varphi_j \otimes \varphi_j)\varphi_m$$

$$= \lambda_m\varphi_m - \lambda_m\varphi_m = 0 \quad (1 \le m \le n-1)$$

が成り立つので，φ_j $(1 \le j \le n-1)$ と φ_n は自己共役作用素 S_{n-1} の異なる固有値に対応する固有関数である．よって，定理 4.3.1 により，φ_n と φ_j $(1 \le j \le n-1)$ は直交する．さらに，このとき，

$$\lambda_n\varphi_n = S_{n-1}\varphi_n = T\varphi_n - \sum_{j=1}^{n-1}\lambda_j(\varphi_j \otimes \varphi_j)\varphi_n = T\varphi_n$$

が成り立つ．以上のことから，一般の n に対し，(i) と (ii) が成り立つことがわかった． $\square$

さて，(4.4.1) と (4.4.2) の作業が有限回で終わるとき，すなわち，ある番号 N で $T = T_N$ となるとき，T の展開

$$T = \sum_{j=1}^{N}\lambda_j(\varphi_j \otimes \varphi_j)$$

が得られる．このとき，e_j を第 j 成分だけが 1 で他の成分はすべて 0 の $\mathbb{C}^N$ 内のベクトルとし，$\varphi_j \mapsto e_j$ と対応させれば，T の行列表示

$$T \cong \begin{pmatrix} \lambda_1 & & 0 \\ & \ddots & \\ 0 & & \lambda_N \end{pmatrix}$$

が得られる．これがこの節の冒頭で述べた "対角行列" の意味である．

次に，(4.4.1) と (4.4.2) の作業が無限に続く場合を考える．このとき，0 でない実数の無限列 $\{\lambda_n\}_{n \ge 1}$ と連続関数の無限列 $\{\varphi_n\}_{n \ge 1}$ が得られるが，この場合でも，同様に T_n の極限として T の展開が得られる．それがこの節の表題にあるヒルベルト・シュミットの展開定理である．まずは，$\{\lambda_n\}_{n \ge 1}$ に関する次

146   第4章　積分方程式

の補題から示そう[*6].

補題4.4.2. T を自己共役なフレドホルム型の積分作用素とし，実数列 $\{\lambda_n\}_{n\geq 1}$ は(4.4.1)と(4.4.2)で定まるものとする．このとき，$\{|\lambda_n|\}_{n\geq 1}$ は単調減少列であり，$|\lambda_n| \to 0 \ (n \to \infty)$ が成り立つ．

[**証明**]　まず，$S_{n-1}\varphi_{n+1} = S_n\varphi_{n+1}$ が成り立つ．実際，より一般に，補題4.4.1により，

$$S_m\varphi_{n+1} = T\varphi_{n+1} - \sum_{j=1}^{m}\lambda_j(\varphi_j \otimes \varphi_j)\varphi_{n+1} = T\varphi_{n+1} \quad (1 \leq m \leq n)$$

となるからである．よって，(4.4.2)により，

$$|\lambda_n| = \|S_{n-1}\| \geq \|S_{n-1}\varphi_{n+1}\| = \|S_n\varphi_{n+1}\| = \|\lambda_{n+1}\varphi_{n+1}\| = |\lambda_{n+1}|$$

が成り立つ．したがって，$\{|\lambda_n|\}_{n\geq 1}$ は単調減少列であり，定理4.3.4により $|\lambda_n| \to 0 \ (n \to \infty)$ が成り立つ．　　　　　　　　　　　　　　　　$\square$

定理4.4.3（ヒルベルト・シュミットの展開定理）． T を自己共役なフレドホルム型の積分作用素とし，実数列 $\{\lambda_n\}_{n\geq 1}$ と連続関数の列 $\{\varphi_n\}_{n\geq 1}$ は(4.4.1)と(4.4.2)で定まるものとする．このとき，任意の $f \in L^2([0,1])$ に対して，

$$Tf = \sum_{j=1}^{\infty}\lambda_j\langle f, \varphi_j\rangle\varphi_j$$

が成り立つ．また，右辺の級数は $C([0,1])$ の関数として絶対かつ一様に収束する．

[**証明**]　証明を3段階に分ける．

（**Step 1**）ここでは，後の議論への準備として，

──────────

[*6]　ここでは補題として述べるが，これ単体でも重要な事実である．なお，4.3節と4.4節のほとんどの内容はコンパクト作用素の理論としてそのまま読み換えることができる．関数解析入門のための副読本として，吉田[29] のスタイルにならった．

$$\sup_{x \in [0,1]} \sum_{j=1}^{\infty} |(\lambda_j \varphi_j)(x)|^2 < \infty$$

を示す．まず，$K(x, y)$ は $[0, 1] \times [0, 1]$ 上で連続であるから有界である．すなわち，

$$|K(x, y)| \le M \quad (x, y \in [0, 1])$$

をみたす定数 $M > 0$ が存在する．今，補題 4.4.1 から φ_j は T の固有値 λ_j に対応する固有関数である．さらに，$\{\overline{\varphi_j}\}_{j \ge 1}$ も正規直交系であることに注意すれば，ベッセルの不等式 (4.1.1) が使え，

$$\begin{aligned}
\sum_{j=1}^{n} |(\lambda_j \varphi_j)(x)|^2 &= \sum_{j=1}^{n} |(T\varphi_j)(x)|^2 \\
&= \sum_{j=1}^{n} \left| \int_0^1 K(x, y) \varphi_j(y) \, dy \right|^2 \\
&= \sum_{j=1}^{n} |\langle K(x, \cdot), \overline{\varphi_j} \rangle|^2 \\
&\le \|K(x, \cdot)\|^2 \quad (\because \text{ベッセルの不等式}) \\
&= \int_0^1 |K(x, y)|^2 \, dy \\
&\le M^2
\end{aligned}$$

が成り立つ．このようにして，結論が得られる．

(**Step 2**) ここでは，

$$\sum_{j=1}^{\infty} \lambda_j \langle f, \varphi_j \rangle \varphi_j$$

が $C([0, 1])$ の関数として絶対かつ一様に収束することを示す．まず，M を Step 1 での定数とすると，コーシー・シュワルツの不等式とベッセルの不等式 (4.1.1) により，

148　第 4 章　積分方程式

$$\sum_{j=n}^{m} |\lambda_j \langle f, \varphi_j \rangle| |\varphi_j(x)| = \sum_{j=n}^{m} |\langle f, \varphi_j \rangle| |\lambda_j \varphi_j(x)|$$

$$\leq \left(\sum_{j=n}^{m} |\langle f, \varphi_j \rangle|^2 \right)^{1/2} \left(\sum_{j=n}^{m} |(\lambda_j \varphi_j)(x)|^2 \right)^{1/2}$$

$$\leq \left(\sum_{j=n}^{m} |\langle f, \varphi_j \rangle|^2 \right)^{1/2} M$$

$$\to 0 \quad (n, m \to \infty)$$

が成り立つことがわかる. よって, 任意の $x \in [0,1]$ に対し,

$$\sum_{j=1}^{\infty} \lambda_j \langle f, \varphi_j \rangle \varphi_j(x)$$

は絶対収束する. また,

$$\left\| \sum_{j=n}^{m} \lambda_j \langle f, \varphi_j \rangle \varphi_j \right\|_{\infty} \leq \left(\sum_{j=n}^{m} |\langle f, \varphi_j \rangle|^2 \right)^{1/2} M \to 0 \quad (n, m \to \infty)$$

が成り立つこともわかる. したがって, 定理 A.1 (付録 A) により結論を得る.
(**Step 3**) ここでは,

$$Tf = \sum_{j=1}^{\infty} \lambda_j \langle f, \varphi_j \rangle \varphi_j$$

が成り立つことを示そう. まず, S_n の定め方から,

$$S_n f = Tf - \sum_{j=1}^{n} \lambda_j (\varphi_j \otimes \varphi_j) f = Tf - \sum_{j=1}^{n} \lambda_j \langle f, \varphi_j \rangle \varphi_j$$

が成り立ち, Tf, φ_j $(j = 1, \ldots, n)$ はすべて $C([0,1])$ の関数である. よっ
て, Step 2 で示したことにより, $\{S_n f\}_{n \geq 1}$ は $C([0,1])$ の関数列として一様
収束する. その極限を F と表し, $F = 0$ を示そう. まず, S_n の構成法から

$\|S_n\| = |\lambda_{n+1}|$ であるから,補題 4.4.2 により,

$$\|S_n f\| \le \|S_n\| \|f\| = |\lambda_{n+1}| \|f\| \to 0 \quad (n \to \infty)$$

が成り立つ.よって,

$$\|F\| \le \|F - S_n f\| + \|S_n f\| \le \|F - S_n f\|_\infty + \|S_n f\| \to 0 \quad (n \to \infty)$$

を得る.したがって,$\|F\| = 0$ となるが,F は連続関数であるから $F = 0$ が導かれる. $\square$

例題 4.4.4. $n \ge 2$ に対し,

$$T^n f = \sum_{j=1}^{\infty} \lambda_j^n \langle f, \varphi_j \rangle \varphi_j$$

が成り立つことを示せ.

(**解答**) $n = 2$ のとき,$T^2 f = T(Tf)$ であるから,

$$T^2 f = \sum_{j=1}^{\infty} \lambda_j \langle Tf, \varphi_j \rangle \varphi_j = \sum_{j=1}^{\infty} \lambda_j \langle f, T\varphi_j \rangle \varphi_j = \sum_{j=1}^{\infty} \lambda_j^2 \langle f, \varphi_j \rangle \varphi_j$$

が成り立つ.一般の n についても同様である.

4.5 マーサーの定理

K を $[0,1] \times [0,1]$ 上で定義された 2 変数関数とする.任意の $n \in \mathbb{N}$, $c_j \in \mathbb{C}$ $(j = 1, \ldots, n)$, $x_j \in [0,1]$ $(j = 1, \ldots, n)$ に対し,K が

$$\sum_{i,j=1}^{n} c_i \overline{c_j} K(x_i, x_j) \ge 0$$

をみたすとき,K は半正定値とよばれる.このような K は**カーネル関数**とよ

150　第 4 章　積分方程式

ばれ，数学の理論上重要なだけでなく，機械学習や統計学に応用がある[*7].

例題 4.5.1. カーネル関数 K に対し，$K(x,y) = \overline{K(y,x)}$ が成り立つことを示せ．

（解答） まず，$n = 1$ で $c_1 = 1$ のときを考えると，$K(x,x) \in \mathbb{R}$ を得る．次に，$n = 2$ で $c_1 = 1$, $c_2 = 1$ のとき，

$$K(x,x) + K(y,y) + K(x,y) + K(y,x) \geq 0$$

から，$K(x,y) + K(y,x) \in \mathbb{R}$ が得られる．ここから，

$$\operatorname{Im} K(x,y) + \operatorname{Im} K(y,x) = 0$$

が導かれる．また，$n = 2$ で $c_1 = 1$, $c_2 = i$ のとき[*8]，

$$K(x,x) + K(y,y) + i(-K(x,y) + K(y,x)) \geq 0$$

から，$i(K(x,y) - K(y,x)) \in \mathbb{R}$ が得られる．ここから，

$$\operatorname{Re} K(x,y) - \operatorname{Re} K(y,x) = 0$$

が導かれる．以上のことから，$K(x,y) = \overline{K(y,x)}$ が導かれる．

補題 4.5.2. K を $[0,1] \times [0,1]$ 上定義された連続な 2 変数関数とする．この K がカーネル関数になるためには，任意の $f \in C([0,1])$ に対し，

$$\int_0^1 \int_0^1 f(x)\overline{f(y)}K(x,y)\,dxdy \geq 0$$

が成り立つことが必要十分である．

［証明］ まず必要性を示す．K がカーネル関数のとき，リーマン積分の定義に戻れば，

[*7]　カーネル関数の半正定値性をもとにしたデータの変換方法はカーネル法の名で知られる．詳しいことは伊吹・山内・畑中[7] と瀬戸・伊吹・畑中[19] を参照いただきたい．

[*8]　この i は虚数単位である．

$$\int_0^1 \int_0^1 f(x)\overline{f(y)}K(x,y)\,dxdy = \lim_{|\Delta|\to 0} \sum_{i,j=1}^n f(x_i)\overline{f(x_j)}K(x_i,x_j)\Delta x_i \Delta x_j$$

$$\geq 0$$

が成り立つことがわかる.

次に十分性を示す. まず, $n \in \mathbb{N}$, $c_j \in \mathbb{C}$ $(j = 1,\ldots,n)$, $x_j \in [0,1]$ $(j = 1,\ldots,n)$ を任意に選び固定する. 次に, 各 x_j を中心とする長さ $\delta > 0$ の閉区間の集合 $\{I_j\}_{j=1}^n$ を考える. ただし, $I_i \cap I_j = \emptyset$ $(i \neq j)$ が成り立つように $\delta > 0$ は十分小さくとる. さて, このとき,

$$f(x) = \sum_{j=1}^n c_j \chi_{I_j}(x)$$

とおくと, この f は連続関数で近似できるので,

$$\int_0^1 \int_0^1 f(x)\overline{f(y)}K(x,y)\,dxdy \geq 0 \tag{4.5.1}$$

が成り立つことに注意しよう. さらに, K の一様連続性により, 任意の $\varepsilon > 0$ に対し,

$$|K(x_i,x_j) - K(x,y)| < \varepsilon \quad ((x,y) \in I_i \times I_j,\ i,j = 1,\ldots,n)$$

が成り立つように $\delta > 0$ を選ぶことができる. このとき,

$$\left| K(x_i,x_j) - \frac{1}{\delta^2} \iint_{I_i \times I_j} K(x,y)\,dxdy \right|$$

$$= \left| \frac{1}{\delta^2} \iint_{I_i \times I_j} (K(x_i,x_j) - K(x,y))\,dxdy \right|$$

$$\leq \frac{1}{\delta^2} \iint_{I_i \times I_j} \left| K(x_i,x_j) - K(x,y) \right|\,dxdy$$

$$\leq \varepsilon$$

を得る. よって, (4.5.1)により,

152　第 4 章　積分方程式

$$\sum_{i,j=1}^{n} c_i \overline{c_j}(K(x_i, x_j) + \varepsilon) \geq \sum_{i,j=1}^{n} c_i \overline{c_j} \frac{1}{\delta^2} \iint_{I_i \times I_j} K(x, y) \, dxdy$$

$$= \frac{1}{\delta^2} \int_0^1 \int_0^1 f(x) \overline{f(y)} K(x, y) \, dxdy$$

$$\geq 0$$

が成り立つことがわかる．最後に，$\varepsilon \to 0$ とすれば，

$$\sum_{i,j=1}^{n} c_i \overline{c_j} K(x_i, x_j) \geq 0$$

を得る．　　　　　　　　　　　　　　　　　　　　　　　　　　　　□

　例題 4.5.1 で示したことにより，カーネル関数に対し，ヒルベルト・シュミットの展開定理（定理 4.4.3）が適用できる．以下，4.4 節と同じ設定で同じ記号 λ_n, φ_n, T を用いよう．

例題 4.5.3.　T を自己共役なフレドホルム型の積分作用素とする．このとき，T を定める K がカーネル関数であることと $\lambda_n \geq 0$ $(n \geq 1)$ が同値であることを示せ．

（解答）　K がカーネル関数のとき，補題 4.5.2 により，

$$\lambda_n = \langle T\varphi_n, \varphi_n \rangle = \int_0^1 \int_0^1 \overline{\varphi_n(x)} \varphi_n(y) K(x, y) \, dxdy \geq 0 \quad (n \geq 1)$$

が成り立つ．一方，$\lambda_n \geq 0$ $(n \geq 1)$ のとき，T の定義とヒルベルト・シュミットの展開定理（定理 4.4.3）により，任意の $f \in C([0,1])$ に対し，$g = \overline{f}$ とおけば，

$$\int_0^1 \int_0^1 f(x) \overline{f(y)} K(x, y) \, dxdy = \langle Tg, g \rangle = \sum_{j=1}^{\infty} \lambda_j |\langle g, \varphi_j \rangle|^2 \geq 0$$

が成り立つ．よって，補題 4.5.2 により，K はカーネル関数である．

定理 4.5.4（マーサーの定理）.　K を $[0,1] \times [0,1]$ 上で定義された連続な 2 変数関数とする．このとき，K がカーネル関数ならば

$$K(x,y) = \sum_{j=1}^{\infty} \lambda_j \varphi_j(x)\overline{\varphi_j(y)}$$

が成り立つ. また, 右辺の級数は絶対かつ一様に収束する.

[**証明**] 4.4 節と同様に

$$K_n(x,y) = \sum_{j=1}^{n} \lambda_j \varphi_j(x)\overline{\varphi_j(y)}$$

とおき, T_n を K_n から定まるフレドホルム型の積分作用素とする. ここで, 例題 4.5.3 で示したように, $\lambda_j \geq 0$ $(j \geq 1)$ に注意しておこう. このとき, ヒルベルト・シュミットの展開定理 (定理 4.4.3) により, 任意の $f \in C([0,1])$ に対し,

$$\int_0^1 \int_0^1 \overline{f(x)}f(y)(K(x,y) - K_n(x,y)) \, dxdy$$

$$= \langle Tf, f \rangle - \langle T_n f, f \rangle$$

$$= \sum_{j=1}^{\infty} \lambda_j |\langle f, \varphi_j \rangle|^2 - \sum_{j=1}^{n} \lambda_j |\langle f, \varphi_j \rangle|^2$$

$$= \sum_{j=n+1}^{\infty} \lambda_j |\langle f, \varphi_j \rangle|^2$$

が成り立つ. よって, 補題 4.5.2 により, $K - K_n$ はカーネル関数である. 特に,

$$K(x,x) - \sum_{j=1}^{n} \lambda_j |\varphi_j(x)|^2 = K(x,x) - K_n(x,x) \geq 0 \quad (x \in [0,1]) \quad (4.5.2)$$

が成り立つので, 任意の $x \in [0,1]$ に対し,

$$\sum_{j=1}^{\infty} \lambda_j |\varphi_j(x)|^2$$

は収束する. さらに, コーシー・シュワルツの不等式と (4.5.2) により,

154　第4章　積分方程式

$$\sum_{j=n}^{m} |\lambda_j \varphi_j(x)\overline{\varphi_j(y)}| \leq \left(\sum_{j=n}^{m} \lambda_j |\varphi_j(x)|^2\right)^{1/2} \left(\sum_{j=n}^{m} \lambda_j |\varphi_j(y)|^2\right)^{1/2} \quad (4.5.3)$$

$$\leq \left(\sum_{j=n}^{m} \lambda_j |\varphi_j(x)|^2\right)^{1/2} K(y,y)$$

が成り立つ．よって，$x \in [0,1]$ を固定する毎に，

$$\lim_{n\to\infty} K_n(x,y) = \sum_{j=1}^{\infty} \lambda_j \varphi_j(x)\overline{\varphi_j(y)}$$

は y に関して絶対かつ一様に収束することがわかる．特に，$\lim_{n\to\infty} K_n(x,y)$ は y を変数とする連続関数である．したがって，任意の $f \in C([0,1])$ と任意の $x \in [0,1]$ に対し，

$$\lim_{n\to\infty}\{(Tf)(x) - (T_n f)(x)\} = \lim_{n\to\infty} \int_0^1 (K(x,y) - K_n(x,y))f(y)\ dy$$

$$= \int_0^1 \lim_{n\to\infty} (K(x,y) - K_n(x,y))f(y)\ dy$$

が成り立つ．一方，ヒルベルト・シュミットの展開定理（定理 4.4.3）により，$Tf{-}T_n f$ は連続関数として 0 に一様収束する．このことから，任意の $x,y \in [0,1]$ に対し，

$$\lim_{n\to\infty} (K(x,y) - K_n(x,y)) = 0$$

が導かれる．同じことであるが，

$$K(x,y) = \sum_{j=1}^{\infty} \lambda_j \varphi_j(x)\overline{\varphi_j(y)} \quad (4.5.4)$$

が成り立つ．最後に，(4.5.4) の右辺は2変数関数として絶対かつ一様に収束することを示す．まず，(4.5.4) から，

$$K(x,x) = \sum_{j=1}^{\infty} \lambda_j |\varphi_j(x)|^2 \tag{4.5.5}$$

がわかる. このとき, ディニの定理 (定理 A.3 (付録 A)) により, (4.5.5)の右辺は x の関数として一様収束する. したがって, (4.5.3)により, (4.5.4)の右辺は 2 変数関数として絶対かつ一様に収束する. □

4.6 ノイマン級数

$\lambda \neq 0$ のとき, f を未知関数とする積分方程式

$$\lambda f(x) - \int_0^x f(y) \, dy = g(x) \tag{4.6.1}$$

を考えよう. このとき,

$$z(x) = \int_0^x f(y) \, dy$$

とおけば, (4.6.1)から微分方程式

$$\lambda z'(x) - z(x) = g(x) \tag{4.6.2}$$

が得られる. この微分方程式の解は

$$z(x) = \frac{1}{\lambda} \int_0^x e^{\frac{1}{\lambda}(x-t)} g(t) \, dt \tag{4.6.3}$$

で与えられる. さらに, z の定め方から,

$$f(x) = \frac{1}{\lambda} g(x) + \frac{1}{\lambda^2} \int_0^x e^{\frac{1}{\lambda}(x-t)} g(t) \, dt \tag{4.6.4}$$

が成り立つ.

問題 4.6

次の問いに答えよ.

156　第 4 章　積分方程式

(i)　微分方程式 (4.6.2) の解 (4.6.3) を求めよ.

(ii)　等式

$$\frac{d}{dx} \int_0^x F(x,t) \, dt = F(x,x) + \int_0^x \frac{\partial F}{\partial x}(x,t) \, dt$$

を示せ（ヒント：積の微分公式と同様の方法で示すことができる）.

(iii)　(ii) と (4.6.3) から (4.6.4) を導け.

積分方程式 (4.6.1) の解 (4.6.4) を，ヴォルテラ作用素を用いて代数的に導く方法がある. その基礎となるのが次の定理である. 以下では，I は恒等作用素とし，$V^0 = I$ と定める.

定理 4.6.1. V をヴォルテラ作用素とする. このとき，任意の $\lambda \neq 0$ と $g \in C([0,1])$ に対し，

$$\sum_{n=0}^{\infty} \lambda^n V^n g$$

は $C([0,1])$ の中で一様収束する. さらに，

$$\left(\sum_{n=0}^{\infty} \lambda^n V^n \right)(I - \lambda V)g = (I - \lambda V) \sum_{n=0}^{\infty} \lambda^n V^n g = g$$

が成り立つ.

[**証明**]　以下では，$\lambda \neq 0$ と $g \in C([0,1])$ は任意とする. まず，$n < m$ のとき，(4.1.6) により，

$$\left\| \sum_{k=0}^{m} \lambda^k V^k g - \sum_{k=0}^{n} \lambda^k V^k g \right\|_{\infty} = \left\| \sum_{k=n+1}^{m} \lambda^k V^k g \right\|_{\infty}$$

$$\leq \sum_{k=n+1}^{m} \left\| \lambda^k V^k g \right\|_{\infty} \quad (\because 三角不等式)$$

$$\leq \left(\sum_{k=n+1}^{m} \frac{|\lambda|^k}{(k-1)!} \right) \|g\|_{\infty} \quad (\because (4.1.6))$$

$$\to 0 \quad (n, m \to \infty)$$

が成り立つ. よって, 定理 A.1 (付録 A) により, $\sum_{n=0}^{\infty} \lambda^n V^n g$ は $C([0, 1])$ の中で一様収束する. また,

$$\left(\sum_{n=0}^{N} \lambda^n V^n \right)(I - \lambda V)g = (I + \lambda V + \cdots + \lambda^N V^N)(I - \lambda V)g$$

$$= g - \lambda^{N+1} V^{N+1} g$$

が成り立つ. ここで, 再び(4.1.6)により, $V^{N+1}g$ は 0 に一様収束する. よって,

$$\sum_{n=0}^{\infty} \lambda^n V^n (I - \lambda V)g = \lim_{N \to \infty} \sum_{n=0}^{N} \lambda^n V^n (I - \lambda V)g = g$$

が成り立つ. 同様にして,

$$(I - \lambda V) \sum_{n=0}^{\infty} \lambda^n V^n g = g$$

が成り立つこともわかる. □

定理 4.6.1 により,

$$\sum_{n=0}^{\infty} \lambda^n V^n = (I - \lambda V)^{-1}$$

と表してもよい. 級数 $\sum_{n=0}^{\infty} \lambda^n V^n$ は V の**ノイマン級数**とよばれる[9].

例題 4.6.2. 定理 4.6.1 を用いて, 積分方程式(4.6.1)の解(4.6.4)を導け.

(**解答**) まず, (4.6.1)は

---

[9] 定理 C.1 (付録 C) と比較せよ.

158　第4章　積分方程式

$$\lambda\left(I - \frac{1}{\lambda}V\right)f = g$$

と表される．このとき，定理 4.6.1 により，

$$f = \frac{1}{\lambda}\left(I - \frac{1}{\lambda}V\right)^{-1}g = \frac{1}{\lambda}\sum_{n=0}^{\infty}\frac{1}{\lambda^n}V^n g$$

が成り立つ．さらに，

$$
\begin{aligned}
f &= \frac{1}{\lambda}\sum_{n=0}^{\infty}\frac{1}{\lambda^n}V^n g \\
&= \frac{1}{\lambda}g + \frac{1}{\lambda}\sum_{n=1}^{\infty}\frac{1}{\lambda^n}V^n g \\
&= \frac{1}{\lambda}g + \frac{1}{\lambda}\sum_{n=1}^{\infty}\frac{1}{\lambda^n}\int_0^x \frac{(x-t)^{n-1}}{(n-1)!}g(t)\,dt \quad (\because \text{例題 4.1.4}) \\
&= \frac{1}{\lambda}g + \frac{1}{\lambda^2}\int_0^x \sum_{n=1}^{\infty}\frac{1}{(n-1)!}\cdot\frac{(x-t)^{n-1}}{\lambda^{n-1}}g(t)\,dt \\
&\qquad\qquad\qquad\qquad (\because \text{無限和と積分の順序交換}) \\
&= \frac{1}{\lambda}g + \frac{1}{\lambda^2}\int_0^x e^{\frac{1}{\lambda}(x-t)}g(t)\,dt
\end{aligned}
$$

が成り立つことがわかる．

　さて，定理 4.6.1 の証明と例題 4.6.2 の計算は非常に柔軟なものであり，例えば，

$$
\begin{aligned}
\left(I + \lambda^2 V^2\right)^{-1}g &= \sum_{n=0}^{\infty}(-\lambda^2 V^2)^n g \\
&= g + \sum_{n=1}^{\infty}(-1)^n \lambda^{2n}V^{2n}g \\
&= g + \sum_{n=1}^{\infty}(-1)^n \lambda^{2n}\int_0^x \frac{(x-t)^{2n-1}}{(2n-1)!}g(t)\,dt
\end{aligned}
$$

$$= g - \lambda \int_0^x \left(\sum_{n=1}^{\infty} (-1)^{n-1} \lambda^{2n-1} \frac{(x-t)^{2n-1}}{(2n-1)!} \right) g(t) \, dt$$

$$= g - \lambda \int_0^x \sin(\lambda(x-t)) g(t) \, dt$$

のような計算も可能である.

例題 4.6.3. $\lambda \neq 0$ とする. このとき, ヴォルテラ作用素 V を応用して, 微分方程式の初期値問題

$$y'' + \lambda^2 y = g(x), \quad y(0) = y'(0) = 0$$

を解け.

(解答) まず, 与えられた微分方程式の両辺に V^2 を作用させると,

$$(I + \lambda^2 V^2) y = V^2 g$$

となる. このとき,

$$y = \left(I + \lambda^2 V^2 \right)^{-1} V^2 g$$

$$= \sum_{n=0}^{\infty} (-1)^n \lambda^{2n} V^{2n+2} g$$

$$= \sum_{n=0}^{\infty} (-1)^n \lambda^{2n} \int_0^x \frac{(x-t)^{2n+1}}{(2n+1)!} g(t) \, dt$$

$$= \frac{1}{\lambda} \int_0^x \left(\sum_{n=0}^{\infty} (-1)^n \lambda^{2n+1} \frac{(x-t)^{2n+1}}{(2n+1)!} \right) g(t) \, dt$$

$$= \frac{1}{\lambda} \int_0^x \sin(\lambda(x-t)) g(t) \, dt$$

を得る.

最後に, 4.7 節のために, 積分方程式

160　第 4 章　積分方程式

$$f(x) - \lambda \int_0^1 K(x,y)f(y)\ dy = g(x) \tag{4.6.5}$$

を考えよう．ここで，λ はパラメータであり，未知関数は f である．この積分
方程式は**フレドホルムの第 2 種積分方程式**とよばれる．

補題 4.6.4. K を $[0,1] \times [0,1]$ 上で定義された 2 変数連続関数とし，

$$\|K\|_\infty = \max_{0 \le x, y \le 1} |K(x,y)|$$

とおく．このとき，$|\lambda| < 1/\|K\|_\infty$ であれば，積分方程式 (4.6.5) の解は一意に
存在する．

[証明] 積分方程式 (4.6.5) はフレドホルム型の積分作用素 T を用いて $f -$
$\lambda T f = g$ と書き換えられる．このとき，$(I - \lambda T)f = f - \lambda Tf$ と表し，形式
的に等比級数の和の公式を適用すると，解 f の級数表示

$$f = (I - \lambda T)^{-1}g = \sum_{n=0}^\infty \lambda^n T^n g = g + \lambda \sum_{n=1}^\infty \lambda^{n-1} T^n g \tag{4.6.6}$$

が得られる．以下では，この議論を正当化する．まず，例題 4.1.2 での計算を
もとにして，$K^{(n)}(x,y)$ を帰納的に

$$K^{(1)}(x,y) = K(x,y),$$

$$K^{(n)}(x,y) = \int_0^1 K(x,t)K^{(n-1)}(t,y)\ dt \quad (n \ge 2)$$

と定める．このとき，

$$\begin{aligned}
|K^{(n)}(x,y)| &= \left| \int_0^1 K(x,t)K^{(n-1)}(t,y)\ dt \right| \\
&\le \int_0^1 \left| K(x,t)K^{(n-1)}(t,y) \right|\ dt \\
&\le \|K\|_\infty \int_0^1 \left| K^{(n-1)}(t,y) \right|\ dt
\end{aligned}$$

が成り立つ. よって, このまま帰納的に計算すれば,

$$\left| K^{(n)}(x,y) \right| \leq \|K\|_\infty^{n-1} \int_0^1 \cdots \int_0^1 |K(t_{n-1},y)| \, dt_1 \cdots dt_{n-1} \leq \|K\|_\infty^n$$

を得る. したがって, $|\lambda| \|K\|_\infty < 1$ のとき,

$$\Gamma(x,y;\lambda) = \sum_{n=1}^\infty \lambda^{n-1} K^{(n)}(x,y)$$

は絶対かつ一様に収束する. 特に, Γ は $[0,1] \times [0,1]$ 上の 2 変数連続関数であり,

$$K(x,y) + \lambda \int_0^1 K(x,z)\Gamma(z,y;\lambda) \, dz$$

$$= K(x,y) + \lambda \int_0^1 K(x,z) \sum_{n=1}^\infty \lambda^{n-1} K^{(n)}(z,y) \, dz$$

$$= K(x,y) + \sum_{n=1}^\infty \lambda^n \int_0^1 K(x,z) K^{(n)}(z,y) \, dz$$

$$= K(x,y) + \sum_{n=1}^\infty \lambda^n K^{(n+1)}(x,y)$$

$$= \Gamma(x,y;\lambda) \tag{4.6.7}$$

が成り立つ. 次に, Γ から定まるフレドホルム型の積分作用素を R とし,

$$\varphi(x) = g(x) + \lambda \int_0^1 \Gamma(x,y;\lambda)g(y) \, dy$$

と定める[*10]. ここで定めた φ は (4.6.6) の f に対応していることに注目しよう. このとき, (4.6.7) により,

---

[*10] この証明の冒頭で述べたことと同様に, φ の定め方を $\varphi = g + \lambda Rg = (I + \lambda R)g$ と見ることがポイントである.

162　第 4 章　積分方程式

$$\varphi(x) - \lambda \int_0^1 K(x, y)\varphi(y) \, dy$$

$$= g(x) + \lambda \int_0^1 \Gamma(x, y; \lambda)g(y) \, dy$$

$$\qquad\qquad - \lambda \int_0^1 K(x, y)\left(g(y) + \lambda \int_0^1 \Gamma(y, z; \lambda)g(z) \, dz\right) dy$$

$$= g(x) + \lambda \int_0^1 \Gamma(x, y; \lambda)g(y) \, dy$$

$$\qquad\qquad - \lambda \int_0^1 \left(K(x, z) + \lambda \int_0^1 K(x, y)\Gamma(y, z; \lambda) \, dy\right)g(z) \, dz$$

$$= g(x) + \lambda \int_0^1 \Gamma(x, y; \lambda)g(y) \, dy - \lambda \int_0^1 \Gamma(x, z; \lambda)g(z) \, dz$$

$$= g(x)$$

が成り立つ．よって，φ は (4.6.5) の解である．さらに，以上のことは

$$(I - \lambda T)(I + \lambda R)g = g$$

と簡潔にまとめられる．解の一意性も同様に示すことができる．それを問題 4.7
としよう．　　　　　　　　　　　　　　　　　　　　　　　　　　　　　　□

問題 4.7

補題 4.6.4 の証明と同じ記号を用いる．このとき，次の問いに答えよ．

(i)　$n \geq 2$ のとき，

$$K^{(n)}(x, y) = \int_0^1 K^{(n-1)}(x, t)K(t, y) \, dt$$

を示せ．

(ii)　(4.6.7) の議論を参考にして，

$$K(x, y) + \lambda \int_0^1 \Gamma(x, z; \lambda)K(z, y) \, dz = \Gamma(x, y; \lambda)$$

を示せ.

(iii) $\widetilde{\varphi}$ が積分方程式(4.6.5)の解であれば, $(I + \lambda R)(I - \lambda T)\widetilde{\varphi}$ を計算することにより,

$$\widetilde{\varphi}(x) = g(x) + \lambda \int_0^1 \Gamma(x, y; \lambda) g(y) \; dy$$

が成り立つことを示せ.

ヴォルテラ作用素の場合と同様に, 級数 $\displaystyle\sum_{n=0}^{\infty} \lambda^n T^n$ は T の**ノイマン級数**とよばれる[*11]. また, Γ は積分方程式(4.6.5)の**レゾルベント核**とよばれる. 特に, 補題 4.6.4 と問題 4.7 をまとめて,

$$(I - \lambda T)^{-1} = I + \lambda R$$

と表すことができる.

4.7 フレドホルム行列式

この節では, フレドホルム型の積分作用素 T に対して行列式に対応する概念を導入し, T のノイマン級数の解析接続を与える.

有限次元の場合

まず, $K = (k_{ij})$ を d 次の正方行列, $I = (e_{ij})$ を d 次の単位行列とする. また, $(1, 2, \ldots, d)$ を順序集合として二つの順序集合の直和

$$(1, \ldots, d) = (i_1, \ldots, i_p) \cup (j_1, \ldots, j_{d-p})$$

に分割する. ここでは, $i_1 < \cdots < i_p$ かつ $j_1 < \cdots < j_{d-p}$ を仮定していることに注意しよう. 以下では, $\boldsymbol{i} = (i_1, \ldots, i_p)$, $\boldsymbol{j} = (j_1, \ldots, j_{d-p})$ と表すことにする. 例えば, $d = 3$ のとき, $\boldsymbol{i} = (1, 3)$ ならば $\boldsymbol{j} = (2)$, $\boldsymbol{i} = \emptyset$ ならば $\boldsymbol{j} = (1, 2, 3)$ である. この記法の下で, $I - \lambda K$ の行列式の定義を注意深く読み

[*11]　本来, Γ を定めた $K^{(n)}$ の級数のことを K のノイマン級数とよんだ.

164　第4章　積分方程式

解いていくと,

$$\det(I - \lambda K) = \sum_{\sigma \in S_n} \text{sgn}(\sigma) \prod_{i=1}^{d} (e_{i\sigma(i)} - \lambda k_{i\sigma(i)})$$

$$= \sum_{\sigma \in S_n} \text{sgn}(\sigma) \sum_{\boldsymbol{i}} \left(\prod_{i \in \boldsymbol{i}} (-\lambda) k_{i\sigma(i)} \right) \left(\prod_{j \in \boldsymbol{j}} e_{j\sigma(j)} \right)$$

$$= 1 + \sum_{p=1}^{d} (-\lambda)^p \sum_{|\boldsymbol{i}|=p} \sum_{\sigma(\boldsymbol{j})=\boldsymbol{j}} \text{sgn}(\sigma) \prod_{i \in \boldsymbol{i}} k_{i\sigma(i)}$$

$$= 1 + \sum_{p=1}^{d} (-\lambda)^p \sum_{|\boldsymbol{i}|=p} \det(k_{ij})_{i,j \in \boldsymbol{i}}$$

が成り立つことがわかる[*12]. ここで, $\displaystyle\prod_{i \in \emptyset} a_i = 1$ と定めた. また, $\displaystyle\sum_{|\boldsymbol{i}|=p}$ は長さが p の $\boldsymbol{i}$ に関する和, $\displaystyle\sum_{\sigma(\boldsymbol{j})=\boldsymbol{j}}$ は $\boldsymbol{j}$ を不変にする σ に関する和を表す. 最後に得られた等式は

$$\det(I - \lambda K) = 1 + \sum_{p=1}^{d} \frac{(-\lambda)^p}{p!} \sum_{i_1,\dots,i_p=1}^{d} \det \begin{pmatrix} k_{i_1 i_1} & \cdots & k_{i_1 i_p} \\ \vdots & \ddots & \vdots \\ k_{i_p i_1} & \cdots & k_{i_p i_p} \end{pmatrix} \quad (4.7.1)$$

と表すことができる. この (4.7.1) では, これまでと記法が変わり, 順序集合を用いていないことに注意しよう. これからは, $\Delta(\lambda) = \det(I - \lambda K)$ と表す.

　次に, フレドホルムにならって

$$(I - \lambda K)^{-1} = I + \lambda \frac{D(\lambda)}{\Delta(\lambda)}$$

と表す. すなわち, $I - \lambda K$ の余因子行列を今は $\Delta(\lambda)I + \lambda D(\lambda)$ と表している. $I - \lambda K$ の余因子は λ の高々 $(d-1)$ 次の多項式であるから, $D(\lambda)$ の成分も高々 $(d-1)$ 次の多項式である. 一方, 定理 C.1 (付録 C) により, $|\lambda| < 1/\|K\|$

[*12]　この議論は McKean [13] で知った.

のとき,

$$R(\lambda) = \sum_{n=1}^{\infty} \lambda^{n-1} K^n$$

は $(I - \lambda K)^{-1} = I + \lambda R(\lambda)$ をみたす. よって, $|\lambda| < 1/\|K\|$ のとき,

$$R(\lambda) = \frac{D(\lambda)}{\Delta(\lambda)} \tag{4.7.2}$$

が成り立つ. これを**クラメル・フレドホルムの公式**とよぶことにしよう.

例題 4.7.1. $D(\lambda)$ の (i, j) 成分を $D(i, j; \lambda)$ と表す. さらに, $D(i, j; \lambda)$ は高々 $(d-1)$ 次の多項式であるから,

$$D(i, j; \lambda) = \sum_{n=0}^{d-1} \frac{(-1)^n}{n!} d_n(i, j) \lambda^n$$

と表すことができる. このとき, $d_0(i, j), d_1(i, j), d_2(i, j)$ を求めよ.

（**解答**） いろいろな方法があると思うが, ここでは直接的な[*13]方法で求めてみよう. クラメル・フレドホルムの公式 (4.7.2) から $D(\lambda) = \Delta(\lambda) R(\lambda)$ が成り立つ. この等式をもとに $D(\lambda)$ と $\Delta(\lambda) R(\lambda)$ の λ の多項式としての各次数における成分を比較する. まず, 0 次の項を比較して,

$$d_0(i, j) = (K \text{ の } (i, j) \text{ 成分}) = k_{ij}$$

を得る. 次に, 1 次の項を比較して,

$$d_1(i, j) = -(K^2 \text{ の } (i, j) \text{ 成分}) + k_{ij} \sum_{\ell=1}^{d} k_{\ell\ell}$$

$$= -\sum_{\ell=1}^{d} k_{i\ell} k_{\ell j} + \sum_{\ell=1}^{d} k_{ij} k_{\ell\ell}$$

$$= \sum_{\ell=1}^{d} \det \begin{pmatrix} k_{ij} & k_{i\ell} \\ k_{\ell j} & k_{\ell\ell} \end{pmatrix}$$

[*13] アドホックな？

166 第 4 章 積分方程式

を得る．最後に，2 次の項を比較して，

$$\frac{1}{2}d_2(i,j)$$

$$=(K^3 \text{ の } (i,j) \text{ 成分})-(K^2 \text{ の } (i,j) \text{ 成分}) \sum_{\ell'=1}^{d} k_{\ell'\ell'}$$

$$+\frac{1}{2}(K \text{ の } (i,j) \text{ 成分}) \sum_{\ell,\ell'=1}^{d} \det \begin{pmatrix} k_{\ell\ell} & k_{\ell\ell'} \\ k_{\ell'\ell} & k_{\ell'\ell'} \end{pmatrix}$$

$$=\sum_{\ell,\ell'=1}^{d} k_{i\ell}k_{\ell\ell'}k_{\ell'j}-\left(\sum_{\ell=1}^{d} k_{i\ell}k_{\ell j}\right)\sum_{\ell'=1}^{d} k_{\ell'\ell'}+\frac{1}{2}k_{ij}\sum_{\ell,\ell'=1}^{d} \det \begin{pmatrix} k_{\ell\ell} & k_{\ell\ell'} \\ k_{\ell'\ell} & k_{\ell'\ell'} \end{pmatrix}$$

$$=\frac{1}{2}\sum_{\ell,\ell'=1}^{d}\left(k_{ij}\det\begin{pmatrix} k_{\ell\ell} & k_{\ell\ell'} \\ k_{\ell'\ell} & k_{\ell'\ell'} \end{pmatrix}-k_{i\ell}(k_{\ell j}k_{\ell'\ell'}-k_{\ell\ell'}k_{\ell'j})\right.$$

$$\left.+k_{i\ell'}(k_{\ell j}k_{\ell'\ell}-k_{\ell\ell}k_{\ell'j})\right)$$

$$=\frac{1}{2}\sum_{\ell,\ell'=1}^{d}\det\begin{pmatrix} k_{ij} & k_{i\ell} & k_{i\ell'} \\ k_{\ell j} & k_{\ell\ell} & k_{\ell\ell'} \\ k_{\ell'j} & k_{\ell'\ell} & k_{\ell'\ell'} \end{pmatrix}$$

を得る．最後の等式を得る段階で行列式の余因子展開を用いた[*14].

無限次元の場合

フレドホルムの第 2 種積分方程式

$$f(x) - \lambda \int_0^1 K(x,y)f(y) \, dy = g(x) \tag{4.7.3}$$

を考えよう．この左辺は，区分求積法を用いて，

[*14] さらに補足すると，ℓ と ℓ' についての総和 $\displaystyle\sum_{\ell,\ell'=1}^{d}$ の中では ℓ と ℓ' を入れ換えてよいことに注意しよう．

$$f(x) - \lambda \int_0^1 K(x,y)f(y)\,dy \fallingdotseq f\left(\frac{i}{d}\right) - \lambda \sum_{j=1}^{d} K\left(\frac{i}{d},\frac{j}{d}\right) f\left(\frac{j}{d}\right)\frac{1}{d}$$

と有限和により近似することができる. このとき, 連立1次方程式

$$f\left(\frac{i}{d}\right) - \lambda \sum_{j=1}^{d} K\left(\frac{i}{d},\frac{j}{d}\right) f\left(\frac{j}{d}\right)\frac{1}{d} = g\left(\frac{i}{d}\right) \quad (i=1,\dots,d)$$

に関し,

$$k_{ij} = K\left(\frac{i}{d},\frac{j}{d}\right)\frac{1}{d}$$

とおいたときの (4.7.1) の p についての一般項に現れる行列式の和は

$$\sum_{i_1,\dots,i_p=1}^{d} \det \begin{pmatrix} K\left(\dfrac{i_1}{d},\dfrac{i_1}{d}\right) & \cdots & K\left(\dfrac{i_1}{d},\dfrac{i_p}{d}\right) \\ \vdots & \ddots & \vdots \\ K\left(\dfrac{i_p}{d},\dfrac{i_1}{d}\right) & \cdots & K\left(\dfrac{i_p}{d},\dfrac{i_p}{d}\right) \end{pmatrix}\frac{1}{d^p} \tag{4.7.4}$$

となるが, これは区分求積法による

$$\int_0^1 \cdots \int_0^1 \det \begin{pmatrix} K(x_1,x_1) & \cdots & K(x_1,x_p) \\ \vdots & \ddots & \vdots \\ K(x_p,x_1) & \cdots & K(x_p,x_p) \end{pmatrix} dx_1 \cdots dx_p \tag{4.7.5}$$

の近似である. 以上の考察をもとに, T の**フレドホルム行列式** $\Delta(\lambda)$ を

$$\Delta(\lambda)$$

$$= 1 + \sum_{p=1}^{\infty} \frac{(-\lambda)^p}{p!} \int_0^1 \cdots \int_0^1 \det \begin{pmatrix} K(x_1,x_1) & \cdots & K(x_1,x_p) \\ \vdots & \ddots & \vdots \\ K(x_p,x_1) & \cdots & K(x_p,x_p) \end{pmatrix} dx_1 \cdots dx_p$$

と定める. この級数が収束することを示そう. まず,

168　第4章　積分方程式

$$\|K\|_\infty = \max_{0 \le x, y \le 1} |K(x, y)|$$

とおくと，行列式は平行多面体の符号付き体積であるから[*15]，

$$\left| \det \begin{pmatrix} K\left(\dfrac{i_1}{d}, \dfrac{i_1}{d}\right) & \cdots & K\left(\dfrac{i_1}{d}, \dfrac{i_p}{d}\right) \\ \vdots & \ddots & \vdots \\ K\left(\dfrac{i_p}{d}, \dfrac{i_1}{d}\right) & \cdots & K\left(\dfrac{i_p}{d}, \dfrac{i_p}{d}\right) \end{pmatrix} \right| \le \prod_{\ell=1}^{p} \sqrt{\sum_{j=1}^{p} K\left(\dfrac{i_j}{d}, \dfrac{i_\ell}{d}\right)^2}$$

$$\le \|K\|_\infty^p p^{p/2}$$

が成り立つ．よって，スターリングの公式[*16]により，p が十分大きいとき

$$\left| \frac{(-\lambda)^p}{p!} (4.7.4) \right| \le \frac{|\lambda|^p}{p!} d(d-1) \cdots (d-p+1) \|K\|_\infty^p p^{p/2} \frac{1}{d^p}$$

$$\le C \frac{|\lambda|^p \|K\|_\infty^p p^{p/2}}{\sqrt{2\pi p} p^p e^{-p}}$$

$$\le C e^p |\lambda|^p \|K\|_\infty^p p^{-p/2}$$

をみたす定数 $C > 0$ が存在する．ここで，C は d に依らない定数であるから，$d \to \infty$ とすれば，

$$\left| \frac{(-\lambda)^p}{p!} (4.7.5) \right| \le C e^p |\lambda|^p \|K\|_\infty^p p^{-p/2}$$

を得る．したがって，

$$1 + \sum_{p=1}^{\infty} \left| \frac{(-\lambda)^p}{p!} (4.7.5) \right| \le 1 + \sum_{p=1}^{\infty} C e^p |\lambda|^p \|K\|_\infty^p p^{-p/2} < +\infty$$

[*15]　正確にはアダマールの不等式を使うわけであるが，McKean[13] にならい，このように述べることにした．

[*16]　p が自然数のとき，$\displaystyle \lim_{p \to \infty} \frac{\sqrt{2\pi p} p^p e^{-p}}{p!} = 1$ が成り立つ．

4.7 フレドホルム行列式 169

が成り立つ[*17]. 以上のことから，$\Delta(\lambda)$ は絶対かつ広義一様に収束することがわかった．特に，$\Delta(\lambda)$ は整関数である．

問題 4.8

$$
K\begin{pmatrix} x_1, x_2, \ldots, x_n \\ y_1, y_2, \ldots, y_n \end{pmatrix} = \det \begin{pmatrix} K(x_1, y_1) & K(x_1, y_2) & \cdots & K(x_1, y_n) \\ K(x_2, y_1) & K(x_2, y_2) & \cdots & K(x_2, y_n) \\ \vdots & \vdots & \ddots & \vdots \\ K(x_n, y_1) & K(x_n, y_2) & \cdots & K(x_n, y_n) \end{pmatrix}
$$

と略記する．これを**フレドホルムの記号**とよぶ．次の問いに答えよ．

(i) フレドホルムの記号は変数の入れ換えに関し交代的であることを示せ．例えば，$n = 3$ のとき，

$$
K\begin{pmatrix} x_1, x_2, x_3 \\ y_1, y_2, y_3 \end{pmatrix} = -K\begin{pmatrix} x_2, x_1, x_3 \\ y_1, y_2, y_3 \end{pmatrix} = K\begin{pmatrix} x_2, x_1, x_3 \\ y_2, y_1, y_3 \end{pmatrix}
$$

が成り立つことを確認せよ．

(ii) 行列式の余因子展開をフレドホルムの記号を用いて表せ．例えば，$n = 3$ のとき，

$$
K\begin{pmatrix} x_1, x_2, x_3 \\ y_1, y_2, y_3 \end{pmatrix}
$$

$$
= K(x_1, y_1)K\begin{pmatrix} x_2, x_3 \\ y_2, y_3 \end{pmatrix} - K(x_1, y_2)K\begin{pmatrix} x_2, x_3 \\ y_1, y_3 \end{pmatrix}
$$

$$
+ K(x_1, y_3)K\begin{pmatrix} x_2, x_3 \\ y_1, y_2 \end{pmatrix}
$$

が成り立つことを確認せよ．

[*17] コーシー・アダマールの公式を用いてこのべき級数の収束性を確認できる．

170 第4章 積分方程式

レゾルベントの解析接続

フレドホルムの第2種積分方程式(4.7.3)に対するレゾルベント核 $\Gamma(x, y; \lambda)$ を考え,

$$\Gamma(x, y; \lambda) = \frac{D(x, y; \lambda)}{\Delta(\lambda)}$$

により, $D(x, y; \lambda)$ を定める. これは, クラメル・フレドホルムの公式(4.7.2)の関数版である. このとき, (4.6.7)から

$$\Delta(\lambda)K(x, y) + \lambda \int_0^1 K(x, z)D(z, y; \lambda)\, dz = D(x, y; \lambda) \tag{4.7.6}$$

が成り立つ. 特に, 変数 λ に関し, $\Delta(\lambda)$ は整関数であり, $\Gamma(x, y; \lambda)$ は $|\lambda| < 1/\|K\|_\infty$ で正則であったため, $D(x, y; \lambda)$ も $|\lambda| < 1/\|K\|_\infty$ で正則である. よって, $\Delta(\lambda)$ と $D(x, y; \lambda)$ の $|\lambda| < 1/\|K\|_\infty$ におけるべき級数展開

$$\Delta(\lambda) = \sum_{n=0}^{\infty} (-1)^n \frac{\delta_n}{n!} \lambda^n,$$

$$D(x, y; \lambda) = \sum_{n=0}^{\infty} (-1)^n \frac{d_n(x, y)}{n!} \lambda^n$$

を考え, (4.7.6)の両辺の λ に関する n 次の項を比較すれば, 漸化式

$$d_0(x, y) = K(x, y),$$

$$d_n(x, y) = \delta_n K(x, y) - n \int_0^1 K(x, z)d_{n-1}(z, y)\, dz \quad (n \geq 1)$$

が得られる. 一方, フレドホルムの記号を用いて,

$$d_0^*(x, y) = K(x, y),$$

$$d_n^*(x, y) = \int_0^1 \cdots \int_0^1 K\begin{pmatrix} x, \xi_1, \ldots, \xi_n \\ y, \xi_1, \ldots, \xi_n \end{pmatrix} d\xi_1 \cdots d\xi_n \quad (n \geq 1)$$

と定めれば[*18],

$d_n^*(x,y)$

$$= \int_0^1 \cdots \int_0^1 K\begin{pmatrix} x, \xi_1, \ldots, \xi_n \\ y, \xi_1, \ldots, \xi_n \end{pmatrix} d\xi_1 \cdots d\xi_n$$

$$= \int_0^1 \cdots \int_0^1 K(x,y) K\begin{pmatrix} \xi_1, \ldots, \xi_n \\ \xi_1, \ldots, \xi_n \end{pmatrix} d\xi_1 \cdots d\xi_n$$

$$+ \sum_{k=1}^n (-1)^k \int_0^1 \cdots \int_0^1 K(x,\xi_k) K\begin{pmatrix} \xi_1, \xi_2, \ldots, \xi_{k-1}, \xi_k, \ldots, \xi_n \\ y, \xi_1, \ldots, \xi_{k-1}, \xi_{k+1}, \ldots, \xi_n \end{pmatrix} d\xi_1 \cdots d\xi_n$$

$$= \delta_n K(x,y)$$

$$- \sum_{k=1}^n \int_0^1 \cdots \int_0^1 K(x,\xi_k) K\begin{pmatrix} \xi_k, \xi_1 \ldots, \xi_{k-1}, \xi_{k+1}, \ldots, \xi_n \\ y, \xi_1, \ldots, \xi_{k-1}, \xi_{k+1}, \ldots, \xi_n \end{pmatrix} d\xi_1 \cdots d\xi_n$$

$$= \delta_n K(x,y) - n \int_0^1 K(x,\xi_k) d_{n-1}^*(\xi_k,y) \, d\xi_k$$

が成り立つ. これは d_n の漸化式と同じである. よって,

$$d_n(x,y) = d_n^*(x,y)$$

が成り立つことがわかった. 以上のことから,

$D(x,y;\lambda)$

$$= K(x,y) + \sum_{n=1}^\infty \frac{(-\lambda)^n}{n!} \int_0^1 \cdots \int_0^1 K\begin{pmatrix} x, \xi_1, \ldots, \xi_n \\ y, \xi_1, \ldots, \xi_n \end{pmatrix} d\xi_1 \cdots d\xi_n$$

が得られた.

さて, ここまで $|\lambda| < 1/\|K\|_\infty$ を仮定していたが, フレドホルム行列式 $\Delta(\lambda)$ の場合と同様な議論により, 上で得られた $D(x,y;\lambda)$ のべき級数展開は絶対か

[*18] 例題 4.7.1 ではこの離散版を計算したのである. そして, フレドホルム行列式を定めたときと同じ極限移行を考えれば $d_n^*(x,y)$ が得られる.

172　第 4 章　積分方程式

つ広義一様に収束することがわかる．したがって，$D(x, y; \lambda)$ は λ を変数とする整関数であり，特に，一致の定理により，等式(4.7.6)が全複素平面で成り立つ．さらに，レゾルベント核

$$\Gamma(x, y; \lambda) = \frac{D(x, y; \lambda)}{\Delta(\lambda)}$$

は $\Delta(\lambda) = 0$ となる λ を除いた領域で正則な関数である．よって，その領域で

$$K(x, y) + \lambda \int_0^1 K(x, z)\Gamma(z, y; \lambda) \, dz = \Gamma(x, y; \lambda)$$

が成り立つ．補題 4.6.4 ではこの等式からフレドホルムの第 2 種積分方程式(4.7.3)の解を構成した．問題 4.7 (4.6 節) についても同様である．以上のことを次のようにまとめられる．

定理 4.7.2（フレドホルムの定理）．　複素数 λ が $\Delta(\lambda) \neq 0$ をみたすとき，フレドホルムの第 2 種積分方程式

$$f(x) - \lambda \int_0^1 K(x, y)f(y) \, dy = g(x)$$

の解は一意に存在する．

5

第5章

測度と積分

5.1 ジョルダン測度

　測度とは，長さ・面積・体積といった直観的な概念を集合論の手法に則って，抽象化し定式化した概念である．歴史的にはフーリエ級数の理論を動機とし，19世紀の終りから20世紀初頭にかけてジョルダン，ボレル，ルベーグらによって段階的に整備され，現代数学の幅広い分野の基礎になっている[*1]．測度は一定の条件をみたす一般の集合の部分集合族に対して定義することができるが，具体例を考える際は，N次元ユークリッド空間$\mathbb{R}^N$について，特に$N = 1, 2, 3$の場合をイメージしておけば，当面は十分である．

　まずは，全体集合をX（直線，平面，空間）として，その中でどのような部分集合（図形）に対して測度が定義されていくのかを明確にすることから始める．直観的には，二つの図形をつぎ足したり削ったりするとき，その長さや面積はそれぞれの長さや面積の和と差が対応する．この図形をつぎ足す操作や削る操作は，集合論では和集合$A \cup B$と差集合$A \setminus B = A \cap B^c$で表される．したがって，ある図形たちの長さや面積が定義されているとき，それらの図形の和集合，共通部分，補集合なども長さや面積が定義されていることが自然に要求される．このことが，測度を定義することができる集合族として[*2]，加法族を考える動機になる．

[*1]　『ルベーグは彼の問題を解いたとき，同時にギブズの問題をも解いていたのである．』ウィーナー[27]．ここでいうギブズの問題とは統計力学の基礎づけに関する問題である．

[*2]　**集合族**とは集合を元とする集合のことである．

174　第 5 章　測度と積分

有限加法族

以下，X は一般の集合を表す．また，$A \subset X$ に対し，A^c は X における A の補集合を表す．

定義 5.1.1. X の部分集合からなる集合族 $\mathcal{F}$ が次の三つの性質

- (i)　$\emptyset \in \mathcal{F}$,
- (ii)　$A \in \mathcal{F}$ に対し，$A^c \in \mathcal{F}$,
- (iii)　$A_1, A_2 \in \mathcal{F}$ に対し，$A_1 \cup A_2 \in \mathcal{F}$

をみたすとき，$\mathcal{F}$ を X 上の**有限加法族**とよぶ．

まず，加法族の概念に慣れるために，次の例題に取り組んでみよう．

例題 5.1.2. $\mathcal{F}$ を X 上の有限加法族とする．このとき，次を示せ．

- (i)　$X \in \mathcal{F}$.
- (ii)　$A_1, A_2 \in \mathcal{F}$ に対し，$A_1 \cap A_2 \in \mathcal{F}$.
- (iii)　$A_1, \ldots, A_n \in \mathcal{F}$ に対し，$A_1 \cup \cdots \cup A_n,\ A_1 \cap \cdots \cap A_n \in \mathcal{F}$.
- (iv)　$A_1, A_2 \in \mathcal{F}$ に対し，$A_1 \setminus A_2 \in \mathcal{F}$.

（解答）　(i) と (ii) を示す．

(i)　まず，$X = \emptyset^c$ に注意する．また，定義 5.1.1 の (i) と (ii) により，$\emptyset^c \in \mathcal{F}$ が成り立つ．よって，$X \in \mathcal{F}$ を得る．

(ii)　まず，ド モルガンの法則により

$$A_1 \cap A_2 = (A_1^c \cup A_2^c)^c$$

が成り立つ．このとき，定義 5.1.1 の (ii) により，$A_1^c, A_2^c \in \mathcal{F}$ であるので，定義 5.1.1 の (iii) から $A_1^c \cup A_2^c \in \mathcal{F}$ が得られる．よって，再び定義 5.1.1 の (ii) を用いて

$$A_1 \cap A_2 = (A_1^c \cup A_2^c)^c \in \mathcal{F}$$

が成り立つことがわかる．

例 5.1.3. $n = 1, \ldots, N$ に対して，$-\infty \le a_n \le b_n \le \infty$ とし，直積集合

$$I = (a_1, b_1] \times \cdots \times (a_N, b_N] = \prod_{n=1}^{N} (a_n, b_n]$$

を N 次元区間という．このような N 次元区間の有限個の和集合で表される集合からなる集合族を $\mathcal{I}$ とする．すなわち，

$$\mathcal{I} = \left\{ A = \bigcup_j I_j \ (\text{有限和}) : I_j \text{ は } N \text{ 次元区間} \right\}$$

とおく．一般に，任意の $A \in \mathcal{I}$ は区間の細分により，互いに交わらない区間の直和で表される．区間の定義で $(a_k, b_k]$ と半開半閉の形にしているのもこの直和分解のための工夫である．このことから，$\mathcal{I}$ は有限加法族であることが示される．この $\mathcal{I}$ を $\mathbb{R}^N$ の N 次元区間が生成する有限加法族という．

無限大に対する演算規則・記号の導入

測度論・積分論では $\pm\infty$ に値をとる関数も考えるので，$\pm\infty$ に関する演算の規則を次のように形式的に定義しておく．

(i) 任意の $a \in \mathbb{R}$ に対し，

$$-\infty \pm a = \pm a - \infty = -\infty, \quad \infty \pm a = \pm a + \infty = \infty,$$

(ii) $a > 0$ のとき，

$$-\infty \times a = a \times (-\infty) = -\infty, \quad \infty \times a = a \times \infty = \infty,$$

(iii) $a < 0$ のとき，

$$-\infty \times a = a \times (-\infty) = \infty, \quad \infty \times a = a \times \infty = -\infty.$$

さらに，

(iv) $-\infty$ と ∞ に関する和を

$$-\infty - \infty = -\infty, \quad \infty + \infty = \infty,$$

176 第5章 測度と積分

(v) $-\infty$ と ∞ に関する積を

$$(-\infty) \times (-\infty) = \infty \times \infty = \infty, \quad (-\infty) \times \infty = \infty \times (-\infty) = -\infty$$

と定める. ここで, $-\infty+\infty$ と $\infty-\infty$ は除外していることに注意しておこう[*3].
また, $\mathbb{R}$ に $\pm\infty$ を付け加えたものを $\overline{\mathbb{R}}$ で表す. すなわち, $\overline{\mathbb{R}} = \mathbb{R} \cup \{-\infty, \infty\}$
である. 区間についても,

$$[a, \infty] = [a, \infty) \cup \{\infty\}, \quad [-\infty, a] = (-\infty, a] \cup \{-\infty\}$$

と定める.

有限加法的測度

定義 5.1.4. $\mathcal{F}$ を X 上の有限加法族とする. $\mathcal{F}$ に属する各集合から $[0, \infty]$ に
値をとる関数 $m : \mathcal{F} \to [0, \infty]$ が, 次の三つの条件

(i) $m(\emptyset) = 0$,

(ii) 任意の $A \in \mathcal{F}$ に対し, $0 \le m(A) \le \infty$,

(iii) 任意の $A_1, A_2 \in \mathcal{F}$ に対し,

$$A_1 \cap A_2 = \emptyset \quad \text{ならば} \quad m(A_1 \cup A_2) = m(A_1) + m(A_2) \quad \textbf{(有限加法性)}$$

をみたすとき m を $\mathcal{F}$ 上の**有限加法的測度**とよぶ.

例 5.1.5. 例 5.1.3 で考えた N 次元区間が生成する有限加法族 $\mathcal{I}$ 上の測度 m_0
を次のように定義する. まずは, N 次元区間

$$I = \prod_{n=1}^{N} (a_n, b_n]$$

に対しては,

$$m_0(I) = \prod_{n=1}^{N} (b_n - a_n)$$

[*3] 何のことはない取り決めであるが, これはルベーグ積分論へ向かう第一歩である.

と定める. 次に, 一般の $A \in \mathcal{I}$ に対しては, A の N 次元区間による直和分解 $A = \bigcup_{j=1}^{\ell} I_j$ を考え[*4],

$$m_0(A) = \sum_{j=1}^{\ell} m_0(I_j)$$

と定める. この m_0 は有限加法的測度であり, $\mathcal{I}$ に属する集合の (直観的な意味での) N 次元体積を与える測度である.

ジョルダン測度

例 5.1.5 で与えた有限加法的測度 m_0 では, 滑らかな曲線・曲面で囲まれた図形の面積・体積を測ることができない. この制約は, 有限加法族・有限加法的測度の "有限性" に起因する. そこで, 有限加法的測度の上限と下限という極限操作を考えることで測度の拡張を考えたい.

以下では, $\mathcal{I}$ を N 次元区間が生成する有限加法族とする.

定義 5.1.6. $A \subset \mathbb{R}^N$ に対して, 有限個の $I_1, \ldots, I_\ell \in \mathcal{I}$ が

$$A \subset \bigcup_{j=1}^{\ell} I_j$$

をみたすとき, $\{I_1, \ldots, I_\ell\}$ を A の $\mathcal{I}$-有限被覆という. 次に, A の $\mathcal{I}$-有限被覆の全体を考え,

$$m^*(A) = \inf \left\{ m_0 \left(\bigcup_{j=1}^{\ell} I_j \right) : \{I_1, \ldots, I_\ell\} \text{ は } A \text{ の } \mathcal{I}\text{-有限被覆} \right\}$$

と定める. この $m^*(A)$ を A の**ジョルダン外測度**という.

外測度は面積を上から評価している. 一方で, 面積を下から評価する方法も

[*4] $i \neq j$ のとき $I_i \cap I_j = \emptyset$ となるような A の分解 $A = \bigcup_{j=1}^{\ell} I_j$ を考えるということである.

178　第 5 章　測度と積分

考えられる.

定義 5.1.7. $A \subset \mathbb{R}^N$ に対して, 有限個の $I_1, \ldots, I_\ell \in \mathcal{I}$ が

$$A \supset \bigcup_{j=1}^{\ell} I_j$$

をみたすとき, $\{I_1, \ldots, I_\ell\}$ を A の $\mathcal{I}$-有限充填ということにする[*5]. 次に, A の $\mathcal{I}$-有限充填の全体を考え,

$$m_*(A) = \sup \left\{ m_0 \left(\bigcup_{j=1}^{\ell} I_j \right) : \{I_1, \ldots, I_\ell\} \text{ は } A \text{ の } \mathcal{I}\text{-有限充填} \right\}$$

と定める. この $m_*(A)$ を A の**ジョルダン内測度**という.

定義 5.1.8. $A \subset \mathbb{R}^N$ に対して, そのジョルダン外測度とジョルダン内測度が等しいとき, すなわち, $m^*(A) = m_*(A)$ であるとき, A は**ジョルダン可測**であるという. また, このときの共通の値 $m^*(A) = m_*(A)$ を A の**ジョルダン測度**といい, $m(A)$ で表す.

　ジョルダン測度は私達が小学校以来, 馴染んできた日常的・直観的な長さや面積・体積の概念の定式化であるし, 高校の数学で積分により様々な図形に対して求めた面積・体積は, それらの図形のジョルダン測度に等しい. しかし, 次の例が示すように関数表記が比較的簡単であっても[*6], 対応する図形がジョルダン可測でないような場合は多く存在し, ジョルダン測度もさらなる改良を必要とすることがわかる.

例 5.1.9. 0 以上 1 以下の有理数全体からなる集合を $[0,1]_\mathbb{Q}$ と表すとき, $[0,1]_\mathbb{Q}$ はジョルダン可測ではない. 特に, 関数

$$f(x) = \begin{cases} 1 & (x \text{ は有理数}) \\ 0 & (x \text{ は無理数}) \end{cases}$$

[*5]　本書だけの用語であるから注意すること.

[*6]　とは書いたものの, この例は, 与えられた実数が, 有理数か無理数かを判定する問題がまったく困難であることの顕れであろう.

は，$[0,1]$ 上リーマン積分可能ではない.

補足 5.1.10. 例 5.1.9 の $[0,1]_{\mathbb{Q}}$ がジョルダン可測ではないことは，ルベーグ可測性との比較で大切と思われるので，ここで簡単に解説しておこう．以下，$m_*([0,1]_{\mathbb{Q}}) \neq m^*([0,1]_{\mathbb{Q}})$ を示す．まず，ジョルダン内測度について，$[0,1]_{\mathbb{Q}}$ に含まれる区間は空集合 $\emptyset$ のみである．よって，

$$m_*([0,1]_{\mathbb{Q}}) = m_0(\emptyset) = 0$$

が成り立つ．一方，ジョルダン外測度について，$[0,1]_{\mathbb{Q}}$ の $\mathcal{I}$-有限被覆 $\{I_1, \ldots, I_\ell\}$ を考える．まず，$\mathcal{I}$ の元は 1 次元区間の有限和であるので，各 I_k はそれ自身が 1 次元区間であると仮定してよい．次に，$[0,1]_{\mathbb{Q}}$ の有限被覆 $\{I_1, \ldots, I_\ell\}$ は $[0,1]$ の被覆にもなっている．実際，$x \in [0,1] \setminus \bigcup_{j=1}^{\ell} I_j$ が存在したとする．このとき，もし，x の近傍が $\bigcup_{j=1}^{\ell} I_j$ から除かれていれば，その近傍には必ず有理数が存在するので，仮定に矛盾する．よって，除かれているのは x だけである．しかし，$\mathcal{I}$-有限被覆の定義により，この場合も起こらない．よって，$[0,1]_{\mathbb{Q}}$ の有限被覆 $\{I_1, \ldots, I_\ell\}$ は $[0,1]$ の被覆でもある．したがって，任意の $\mathcal{I}$-有限被覆 $\{I_1, \ldots, I_\ell\}$ に対して，

$$m_0\left(\bigcup_{j=1}^{\ell} I_j\right) \geq m_0([0,1]) = 1$$

となり，$m^*([0,1]_{\mathbb{Q}}) \geq 1$ を得る[*7]．以上のことから，

$$m_*([0,1]_{\mathbb{Q}}) \neq m^*([0,1]_{\mathbb{Q}})$$

が得られたので，$[0,1]_{\mathbb{Q}}$ はジョルダン可測ではない．

問題 5.1

$$\lim_{n \to \infty} \lim_{m \to \infty} \cos^{2m}(n!\pi x) = \begin{cases} 1 & (x \text{ は有理数}) \\ 0 & (x \text{ は無理数}) \end{cases}$$

[*7] 実際には，$m^*([0,1]_{\mathbb{Q}}) = 1$ であることも示すことができる.

180　第 5 章　測度と積分

を示せ.

5.2　ルベーグ測度

本節では, ジョルダン測度の有限性に起因する制限を外すことを目標に, 有限加法族を拡張した概念である完全加法族を導入する. 以下, X は一般の集合を表す.

完全加法族

定義 5.2.1.　X の部分集合からなる集合族 $\mathcal{B}$ が次の三つの性質

- (i)　$\emptyset \in \mathcal{B}$,
- (ii)　$A \in \mathcal{B}$ に対し, $A^c \in \mathcal{B}$,
- (iii)　$\{A_n\}_{n \in \mathbb{N}} \subset \mathcal{B}$ に対し, $\bigcup_{n=1}^{\infty} A_n \in \mathcal{B}$

をみたすとき, $\mathcal{B}$ を X 上の**完全加法族**とよぶ.

例題 5.2.2.　$\mathcal{B}$ を X 上の完全加法族とする. このとき, 次を示せ.

- (i)　$X \in \mathcal{B}$.
- (ii)　$\{A_n\}_{n \in \mathbb{N}} \subset \mathcal{B}$ に対し, $\bigcap_{n=1}^{\infty} A_n \in \mathcal{B}$.
- (iii)　$A_1, A_2 \in \mathcal{B}$ に対し, $A_1 \setminus A_2 \in \mathcal{B}$.

（**解答**）　例題 5.1.2 と同様である. (ii)だけ示そう. まず, ド モルガンの法則により

$$\bigcap_{n=1}^{\infty} A_n = \left(\bigcup_{n=1}^{\infty} A_n^c \right)^c$$

が成り立つ. よって, 定義 5.2.1 の(ii)と(iii)から結論が得られる.

G を X の部分集合からなる集合族とする. G を含む最小の完全加法族を, G が生成する完全加法族といい, $\sigma[G]$ で表す. まず, $\mathbb{R}^N$ の開集合の全体からなる集合族を $\mathcal{O}$ とする. このとき, $\mathcal{O}$ が生成する完全加法族を**ボレル集合族**とい

い，$\mathcal{B}(\mathbb{R}^N)$ と表す．すなわち，$\mathcal{B}(\mathbb{R}^N) = \sigma[\mathcal{O}]$ である．また，$\mathcal{B}(\mathbb{R}^N)$ に属する集合を**ボレル集合**という．次に，$\mathbb{R}^N$ の閉集合の全体からなる集合族を $\mathcal{C}$ とし，$\mathcal{I}$ を例 5.1.3 で考えた N 次元区間から生成される有限加法族とする．このとき，

$$\mathcal{B}(\mathbb{R}^N) = \sigma[\mathcal{O}] = \sigma[\mathcal{C}] = \sigma[\mathcal{I}]$$

が成り立つ．

例題 5.2.3. 例 5.1.9 の集合 $[0,1]_{\mathbb{Q}}$ はボレル集合であることを示せ．

（**解答**）　まず，任意の $a \in \mathbb{R}$ に対し，1 点集合 $\{a\}$ は閉集合である．また，$[0,1]$ の中の有理数の全体を $\{a_1, a_2, \ldots, a_n, \ldots\}$ とおけば，

$$[0,1]_{\mathbb{Q}} = \bigcup_{n=1}^{\infty} \{a_n\}$$

と表される．よって，$[0,1]_{\mathbb{Q}}$ はボレル集合である．

　ルベーグはすべてのボレル集合を可測とするように彼の測度を構成した．具体的には，ジョルダンの理論では有限個の区間による被覆を考えたが，ルベーグの理論では可算個の区間による被覆まで考える．

ルベーグ外測度とルベーグ内測度

定義 5.2.4. $A \subset \mathbb{R}^N$ に対して，可算個の $I_1, I_2, \ldots, I_n, \ldots \in \mathcal{I}$ が

$$A \subset \bigcup_{n=1}^{\infty} I_n$$

をみたすとき，$\{I_n\}_{n \geq 1}$ を A の $\mathcal{I}$-**可算被覆**という．次に，A の $\mathcal{I}$-可算被覆の全体を考え，

$$\mu^*(A) = \inf \left\{ \sum_{n=1}^{\infty} m_0(I_n) : \{I_n\}_{n \geq 1} \text{ は } A \text{ の } \mathcal{I}\text{-可算被覆} \right\}$$

と定める．この $\mu^*(A)$ を A の**ルベーグ外測度**という．

182　第5章　測度と積分

定義 5.1.6 のジョルダン外測度と定義 5.2.4 のルベーグ外測度との違いは，対象の図形を覆う被覆として，ジョルダン外測度は有限被覆の範囲で考えて下限をとるのに対し，ルベーグ外測度は最初から可算被覆まで考えてその中の下限をとるところにある.

命題 5.2.5. $\mathbb{R}^N$ 上のルベーグ外測度 μ^* は次の性質をみたす集合関数である.

(i)　$\mu^*(\emptyset) = 0$.

(ii)　任意の $A \subset \mathbb{R}^N$ に対し，$0 \leq \mu^*(A) \leq \infty$.

(iii)　任意の $A, B \subset \mathbb{R}^N$ に対し，

$$A \subset B \quad \text{ならば} \quad \mu^*(A) \leq \mu^*(B) \quad (\textbf{単調性}).$$

(iv)　任意の $A_n \subset \mathbb{R}^N \ (n \in \mathbb{N})$ に対し，

$$\mu^* \left(\bigcup_{n=1}^{\infty} A_n \right) \leq \sum_{n=1}^{\infty} \mu^*(A_n) \quad (\textbf{劣加法性}).$$

次にルベーグ内測度を定義する.　まず，$A \subset \mathbb{R}^N$ は，ある有限区間 I によって $A \subset I$ と覆われているとき，**有界**であるという.

定義 5.2.6. 任意の $A \subset \mathbb{R}^N$ に対して，

$$\mu_*(A) = \sup\{\mu^*(S) : S \text{ は有界閉集合かつ } S \subset A\}$$

と定める.　この $\mu_*(A)$ を A の**ルベーグ内測度**という.

任意の $A \subset \mathbb{R}^N$ に対し，$\mu_*(A) \leq \mu^*(A)$ が成り立つことや，$A \subset B \subset \mathbb{R}^N$ のときに $\mu_*(A) \leq \mu_*(B)$ が成り立つことはほぼ自明であろう.

ルベーグ測度

定義 5.2.7. $A \subset \mathbb{R}^N$ に対して，そのルベーグ外測度とルベーグ内測度が等しいとき，すなわち，$\mu^*(A) = \mu_*(A)$ であるとき，A は**ルベーグ可測**であるという.　また，そのときの共通の値 $\mu^*(A) = \mu_*(A)$ を A の**ルベーグ測度**といい，$\mu(A)$ で表す.　さらに，$\mathbb{R}^N$ の部分集合で，ルベーグ可測な集合の全体を

5.2 ルベーグ測度 183

$\mathcal{M}(\mathbb{R}^N)$ で表す.

　ルベーグ可測性，ルベーグ測度はその構成に最初から無限を組み込んでいるため把握しづらい概念かもしれないが，次の定理により通常我々が考える図形はすべてルベーグ可測であり，そのルベーグ測度は通常の長さ・面積・体積と一致することが保証される.

定理 5.2.8. $\mathbb{R}^N$ のボレル集合はすべてルベーグ可測である. すなわち，$\mathcal{B}(\mathbb{R}^N) \subset \mathcal{M}(\mathbb{R}^N)$ が成り立つ. さらに，$A \subset \mathbb{R}^N$ がジョルダン可測であれば，ルベーグ可測でもあり，このとき $m(A) = \mu(A)$ が成り立つ.

例題 5.2.9. 例 5.1.9 の集合 $[0,1]_\mathbb{Q}$ について，定義 5.2.7 にもとづき，$[0,1]_\mathbb{Q}$ はルベーグ可測で，$\mu([0,1]_\mathbb{Q}) = 0$ であることを示せ.

(解答) もし，$\mu^*([0,1]_\mathbb{Q}) = 0$ が示されれば，

$$0 \le \mu_*([0,1]_\mathbb{Q}) \le \mu^*([0,1]_\mathbb{Q}) = 0$$

から，$\mu^*([0,1]_\mathbb{Q}) = \mu_*([0,1]_\mathbb{Q}) = 0$ となり結論が得られる. よって，以下では，$\mu^*([0,1]_\mathbb{Q}) = 0$ を示すことにする. まず，$[0,1]_\mathbb{Q}$ は可算集合なので，

$$[0,1]_\mathbb{Q} = \{a_1, a_2, \ldots, a_n, \ldots\}$$

と番号付けできる. 次に，任意の $\varepsilon > 0$ に対し，

$$I_n = \left(a_n - \frac{\varepsilon}{2^{n+1}}, a_n + \frac{\varepsilon}{2^{n+1}}\right]$$

とおくと，$m_0(I_n) = \dfrac{\varepsilon}{2^n}$ であり，$\{I_n\}_{n \ge 1}$ は $[0,1]_\mathbb{Q}$ の 1 次元区間による $\mathcal{I}$-可算被覆になっている. このとき，

$$\mu^*([0,1]_\mathbb{Q}) \le \sum_{n=1}^\infty m_0(I_n) = \sum_{n=1}^\infty \frac{\varepsilon}{2^n} = \varepsilon$$

が成り立つ. 今，ε は任意なので，$\varepsilon \to 0$ とすれば，$\mu^*([0,1]_\mathbb{Q}) = 0$ を得る.

　この例題 5.2.9 の解答では，本質的に，可算集合はルベーグ可測であって，そ

184   第5章   測度と積分

のルベーグ測度は 0 であることを示している．しかし，可算集合だけがルベーグ測度 0 の集合というわけではない．次の例では，連続濃度をもつルベーグ測度 0 の集合が存在することを示そう．

例 5.2.10.   次の手順で有界閉区間 $[0,1]$ 内の閉集合 E を構成する．

(1) $[0,1] = \left[0, \dfrac{1}{3}\right] \cup \left(\dfrac{1}{3}, \dfrac{2}{3}\right) \cup \left[\dfrac{2}{3}, 1\right]$ と分割する．

(2) $E_1 = \left[0, \dfrac{1}{3}\right] \cup \left[\dfrac{2}{3}, 1\right]$ とおく．

(3) $E_1 = \left[0, \dfrac{1}{9}\right] \cup \left(\dfrac{1}{9}, \dfrac{2}{9}\right) \cup \left[\dfrac{2}{9}, \dfrac{3}{9}\right] \cup \left[\dfrac{6}{9}, \dfrac{7}{9}\right] \cup \left(\dfrac{7}{9}, \dfrac{8}{9}\right) \cup \left[\dfrac{8}{9}, 1\right]$ と分割する．

(4) $E_2 = \left[0, \dfrac{1}{9}\right] \cup \left[\dfrac{2}{9}, \dfrac{3}{9}\right] \cup \left[\dfrac{6}{9}, \dfrac{7}{9}\right] \cup \left[\dfrac{8}{9}, 1\right]$ とおく．

(5) 以下同様に E_n $(n \geq 3)$ を定め，$E = \bigcap_{n \geq 1} E_n$ とおく．

この E は**カントール集合**とよばれる．まず，$E \subset E_n$ であり，E_n は長さ $1/3^n$ の区間 2^n 個から構成されているので $m_0(E_n) = 2^n/3^n \to 0$ $(n \to \infty)$ を得る．したがって，$\mu(E) = 0$ である．次に，$a \in [0,1]$ に対し，a の三進小数展開

$$a = \sum_{n=1}^{\infty} \frac{a_n}{3^n}$$

を考える．ここで，$a_n = 0, 1, 2$ である．これを $a = 0.a_1 a_2 \ldots$ と略記する．例えば，

$$0.102 = \frac{1}{3} + \frac{0}{3^2} + \frac{2}{3^3} = \frac{11}{27}$$

$$0.222\ldots = \frac{2}{3} + \frac{2}{3^2} + \frac{2}{3^3} + \cdots = 1$$

である．ただし，$0.a_1 a_2 \ldots a_n 1$ は $0.a_1 a_2 \ldots a_n 022 \ldots$ と表記する．この表記の下，

$$0.a_1 a_2 \ldots \in E \Leftrightarrow a_j = 0, 2 \quad (j \geq 1)$$

が成り立つ. さて,

$$b_n = \begin{cases} 0 & (a_n = 0) \\ 1 & (a_n = 2) \end{cases}$$

と定め, 三進小数展開を二進小数展開へうつす写像 $\varphi : 0.a_1a_2 \ldots a_n \ldots \mapsto 0.b_1b_2 \ldots b_n \ldots$ を考えれば $\varphi : E \to [0,1]$ は全射である. よって E は連続濃度をもつ.

ルベーグの積分論は次の二つの定理を基に構築される.

定理 5.2.11. $\mathcal{M}(\mathbb{R}^N)$ は完全加法族である.

定理 5.2.12. $\mathbb{R}^N$ 上のルベーグ測度 μ は次の性質をみたす $\mathcal{M}(\mathbb{R}^N)$ 上の集合関数である.

(i) 任意の $A \in \mathcal{M}(\mathbb{R}^N)$ に対し, $0 \le \mu(A) \le \infty$.

(ii) 任意の $A, B \in \mathcal{M}(\mathbb{R}^N)$ に対し,

$$A \subset B \quad \text{ならば} \quad \mu(A) \le \mu(B) \quad (\textbf{単調性}).$$

(iii) 任意の $A_n \in \mathcal{M}(\mathbb{R}^N)$ $(n \in \mathbb{N})$ に対し,

$$\mu\left(\bigcup_{n=1}^{\infty} A_n\right) \le \sum_{n=1}^{\infty} \mu(A_n) \quad (\textbf{劣加法性}).$$

(iv) 特に (iii) で, $A_j \cap A_k = \emptyset$ $(j \ne k)$ のときは,

$$\mu\left(\bigcup_{n=1}^{\infty} A_n\right) = \sum_{n=1}^{\infty} \mu(A_n) \quad (\textbf{完全加法性}).$$

ルベーグ測度の特筆すべき特徴はこの完全加法性である.

補足 5.2.13. 本節の最後に, カラテオドリによるルベーグ可測性の特徴付けを述べる. ルベーグは外測度と内測度が一致することを可測性の定義とした. 一方でカラテオドリは, 内測度の代わりに外測度とその加法性を用いることで,

186   第5章   測度と積分

次のようにして，可測性を特徴付けた．$A \subset \mathbb{R}^N$ とする．任意の $E \subset \mathbb{R}^N$ に対して，A が

$$\mu^*(E) = \mu^*(E \cap A) + \mu^*(E \cap A^c)$$

をみたすとき，A は**カラテオドリ可測**であるという．内測度を用いた場合とは異なり，完全に集合論の言葉で可測性が記述されることに注目しよう．そして，$A \subset \mathbb{R}^N$ がルベーグ可測であることとカラテオドリ可測であることは同値である．ところで，A が非可測集合であれば，

$$\mu^*(E) < \mu^*(E \cap A) + \mu^*(E \cap A^c)$$

をみたす $E \subset \mathbb{R}^N$ が存在することになる．このように，非可測集合に対しては有限和の場合でも測度の加法性が成り立つとは限らない．通常の数学を考える上でまったく気にする必要はないが，例えば，バナッハ・タルスキの定理は，典型的な可測集合である単位球を有限個の非可測集合に分割し，回転と平行移動のみの操作で組み合わせ直すことで，二つの単位球が得られること主張する．このような非可測集合の構成には選択公理が本質的に用いられている[*8]．

5.3   可測関数

可測関数

　ここでは，f を $\mathbb{R}^N$ 上で定義された $\overline{\mathbb{R}}$ に値をとる関数とし，任意の $a \in \overline{\mathbb{R}}$ に対し，$\mathbb{R}^N$ の部分集合 $\{f > a\}$ を，

$$\{f > a\} = \{x \in \mathbb{R}^N : f(x) > a\}$$

と定める．この記号の下で，任意の $a \in \overline{\mathbb{R}}$ に対して，$\{f > a\}$ が $\mathbb{R}^N$ のルベーグ可測集合であるとき，すなわち，$\{f > a\} \in \mathcal{M}(\mathbb{R}^N)$ であるとき，f は**ルベーグ可測関数**であるという．

[*8]　『God made solids, but the surface was invented by the Devil.』パウリ．物理学者の間で語り継がれている有名な箴言．

5.3 可測関数 187

以下では，$\{f \geq a\}$ や $\{a \leq f < b\}$ なども $\{f > a\}$ と同様に定めるものと
する．また，誤解のおそれがない限り，$\mathbb{R}^N$ でのルベーグ可測集合とルベーグ
可測関数をそれぞれ**可測集合**，**可測関数**と省略してよぶことにする．

例題 5.3.1. 可測関数 f と $a, b \in \overline{\mathbb{R}}$ に対し，次を示せ．

(i) $\{f \geq a\} \in \mathcal{M}(\mathbb{R}^N)$.

(ii) $a < b$ のとき，$\{a \leq f < b\} \in \mathcal{M}(\mathbb{R}^N)$.

（**解答**） まず，

$$\{f \geq a\} = \bigcap_{n=1}^{\infty} \left\{ f > a - \frac{1}{n} \right\}$$

から，(i) が得られる．次に，$a < b$ のとき，

$$\{a \leq f < b\} = \{f \geq a\} \cap \{f < b\} = \{f \geq a\} \cap \{f \geq b\}^c$$

が成り立つ．よって，(ii) が得られる．

関数の可測性は，関数に対して通常考えるすべての操作で不変である．

命題 5.3.2. 可測関数 f, g に対し，和 $f + g$，差 $f - g$，積 $f \cdot g$，商 f/g，最
大値 $\max\{f, g\}$，最小値 $\min\{f, g\}$，絶対値 $|f|$ はいずれも可測関数である．ま
た，$\{f_n\}_{n \geq 1}$ を可測関数の列とし，すべての $x \in \mathbb{R}^N$ に対し，$\lim_{n \to \infty} f_n(x)$ が
存在すると仮定する．このとき，極限 $\lim_{n \to \infty} f_n$ は可測関数である．

[**証明**] 和，最大値，極限に関してのみ示す．まず，f, g が可測関数であるとき，

$$\{f + g > a\} = \bigcup_{r \in \mathbb{Q}} \left(\{f > r\} \cap \{a - g < r\} \right) \in \mathcal{M}(\mathbb{R}^N)$$

$$\{\max\{f, g\} > a\} = \{f > a\} \cup \{g > a\} \in \mathcal{M}(\mathbb{R}^N)$$

が成り立つ．よって，$f + g$ と $\max\{f, g\}$ も可測関数である．次に，可測関数
の列 $\{f_n\}_{n \geq 1}$ に対し，

188　第5章　測度と積分

$$\left\{\sup_{k \geq n} f_k > a\right\} = \bigcup_{k=n}^{\infty} \{f_k > a\} \in \mathcal{M}(\mathbb{R}^N)$$

が成り立つ．よって，$g_n = \sup_{k \geq n} f_k$ は可測関数である．このとき，$\inf_{n \geq 1} g_n$ も同様に可測関数であることが示される．また，任意の $x \in \mathbb{R}^N$ に対し，$\{g_n(x)\}_{n \geq 1}$ は単調減少な数列であり，$\lim_{n \to \infty} f_n(x)$ が存在するとき，

$$\lim_{n \to \infty} f_n(x) = \lim_{n \to \infty} g_n(x) = \inf_{n \geq 1} g_n(x)$$

が成り立つ．以上のことから，$\lim_{n \to \infty} f_n$ は可測関数であることがわかる．　　□

さて，f が複素数値関数の場合，$f = u + iv$ と実部と虚部に分け，u と v が可測関数であるときに，f は可測関数であるという．さらに，$\overline{\mathbb{R}}$ に値をとる可測関数 f に対し，

$$f_+ = \max\{f, 0\}, \quad f_- = -\min\{f, 0\}$$

とおくと，$f_+, f_- \geq 0$ かつ $f = f_+ - f_-$ が成り立つ．このようにして，複素数値の場合も含め，一般の可測関数の性質は非負可測関数の性質に帰着される．さらに，非負可測関数については，より単純な非負単関数の場合に帰着される．

単関数

可測集合 A に対して，

$$\chi_A(x) = \begin{cases} 1 & (x \in A) \\ 0 & (x \notin A) \end{cases}$$

を A の**特性関数**という．

例題 5.3.3. 可測集合 A の特性関数 χ_A は可測関数であることを示せ．

（**解答**）　$a \geq 1$ のとき，$\{\chi_A > a\} = \emptyset \in \mathcal{M}(\mathbb{R}^N)$ である．$0 \leq a < 1$ のとき，

$\{\chi_A > a\} = A \in \mathcal{M}(\mathbb{R}^N)$ である. $a < 0$ のとき, $\{\chi_A > a\} = \mathbb{R}^N \in \mathcal{M}(\mathbb{R}^N)$ である. 以上のことから, χ_A は可測関数である.

問題 5.2 ───────────────────────────

可測集合 A, B に対し, 次を示せ.

(i) $\chi_A + \chi_B = \chi_{A \cup B} + \chi_{A \cap B}$.

(ii) $\chi_A \cdot \chi_B = \chi_{A \cap B}$.

実数値可測関数 f が, $A_i \cap A_j = \emptyset$ $(i \neq j)$ をみたす可測集合 $A_1, \ldots, A_n$ と, $a_i \neq a_j$ $(i \neq j)$ をみたす実数 $a_1, \ldots, a_n$ を用いて,

$$f = \sum_{j=1}^{n} a_j \cdot \chi_{A_j}$$

と表されるとき, f は**単関数**とよばれる. 例題 5.3.3 で示したことと命題 5.3.2 から, 単関数は可測関数であることがわかる.

次の定理は, 一般の可測関数の積分が単関数の積分によって近似されることを示唆する.

定理 5.3.4. 任意の非負可測関数 f に対し,

(i) 任意の $x \in \mathbb{R}^N$ に対し, $\{f_n(x)\}_{n \geq 1}$ は単調増加列,

(ii) 任意の $x \in \mathbb{R}^N$ に対し, $f_n(x) \to f(x)$ $(n \to \infty)$

をみたす非負単関数の列 $\{f_n\}_{n \geq 1}$ が存在する.

[**証明**] 定理の条件をみたすような非負単関数の列 $\{f_n\}_{n \geq 1}$ を構成する. まず, $n \in \mathbb{N}$ に対して,

$$E_{n,k} = \left\{ \frac{k-1}{2^n} \leq f < \frac{k}{2^n} \right\} \quad (k = 1, 2, \ldots, n \cdot 2^n),$$

$$E_{n,\infty} = \{f \geq n\}$$

と定めると, 例題 5.3.1 で示したことにより, これらは可測集合である. 次に,

190 第5章 測度と積分

$$f_n = \sum_{k=1}^{n \cdot 2^n} \frac{k-1}{2^n} \chi_{E_{n,k}} + n \cdot \chi_{E_{n,\infty}}$$

とおく. この $\{f_n\}_{n\geq 1}$ が(i)と(ii)をみたすことを示そう. 以下, $x \in \mathbb{R}^N$ を一つ固定し, $f(x)$ の値が無限か有限かで議論を分ける.

(**値が無限の場合**) すべての $n \geq 1$ に対し, $x \in E_{n,\infty}$ であり, $f_n(x) = n$ である. よって, $\{f_n(x)\}_{n\geq 1}$ は単調増加であり,

$$f_n(x) = n \to \infty = f(x) \quad (n \to \infty)$$

が成り立つ.

(**値が有限の場合**) $n_0 - 1 \leq f(x) < n_0$ をみたす $n_0 \in \mathbb{N}$ が存在する. このとき, $n \leq n_0 - 1$ に対し, $x \in E_{n,\infty}$ であり, $f_n(x) = n$ を得る. よって,

$$f_1(x) \leq \cdots \leq f_{n_0-1}(x)$$

が成り立つ. 次に, $n \geq n_0$ に対し,

$$\frac{k-1}{2^n} \leq f(x) < \frac{k}{2^n} \tag{5.3.1}$$

をみたす $1 \leq k \leq n \cdot 2^n$ が存在する. このとき, $x \in E_{n,k}$ であり, $f_n(x) = \dfrac{k-1}{2^n}$ を得る. また, (5.3.1)より,

$$\frac{2k-2}{2^{n+1}} = \frac{k-1}{2^n} \leq f(x) < \frac{k}{2^n} = \frac{2k}{2^{n+1}}$$

であるので, $f_{n+1}(x) = \dfrac{2k-2}{2^{n+1}}$ または $\dfrac{2k-1}{2^{n+1}}$ である. したがって,

$$f_n(x) \leq f_{n+1}(x) \quad (n \geq n_0)$$

が成り立つ. また, $f_n(x)$ の定め方から $f_{n_0-1}(x) \leq f_{n_0}(x)$ が成り立つ. よって, $\{f_n(x)\}_{n\geq 1}$ は単調増加であることがわかった. また, $n \geq n_0$ のとき,

$$|f(x) - f_n(x)| = f(x) - \frac{k-1}{2^n} \leq \frac{k}{2^n} - \frac{k-1}{2^n} = \frac{1}{2^n} \to 0 \quad (n \to \infty)$$

であるので，$f_n(x) \to f(x)$ $(n \to \infty)$ も示された．以上で定理の証明が得られた． $\square$

例題 5.3.5. 有界閉区間 $[0,1]$ 上の連続関数は可測関数であることを示せ．

（**解答**） 有界閉区間 $[0,1]$ を 2^n 等分し，

$$[0,1] = \bigcup_{j=1}^{2^n} I_{n,j}, \quad I_{n,j} = \left[\frac{j-1}{2^n}, \frac{j}{2^n} \right) \quad (j = 1, \ldots, 2^n - 1),$$

$$I_{n,2^n} = \left[\frac{2^n - 1}{2^n}, 1 \right]$$

と表す．また，$[0,1]$ 上の非負連続関数 f に対し，

$$\varphi_n(x) = \sum_{j=1}^{2^n} c_{n,j} \chi_{I_{n,j}}, \quad c_{n,j} = \inf_{x \in I_{n,j}} f(x)$$

と定める．このとき，$\{\varphi_n\}_{n \geq 1}$ は単調に増加しながら f に収束する非負単関数の列である．よって，命題 5.3.2 により，f は可測関数である．一般の連続関数に対しては，$f = f_+ - f_-$ と表すとき，$f_+ = \max\{f, 0\} = (|f| + f)/2$ であるから，f_+ は非負連続関数である．また，f_- についても同様である．よって，再び命題 5.3.2 により，f は可測関数であることがわかる．

5.4 ルベーグ積分

　この節でも，誤解のおそれがない限り，$\mathbb{R}^N$ でのルベーグ可測集合とルベーグ可測関数をそれぞれ可測集合，可測関数と省略してよぶことにする．また，この節では，$E \in \mathcal{M}(\mathbb{R}^N)$ は任意とする．

非負単関数の場合

　ここでは，非負単関数の積分を考える．まず，f を非負単関数とし，f を

192 第 5 章 測度と積分

$$f = \sum_{j=1}^{n} a_j \chi_{A_j}$$

と表す. ただし, $A_i \cap A_j = \emptyset$ $(i \neq j)$ と $a_i \neq a_j$ $(i \neq j)$ を仮定する. このとき, f の E 上の積分を

$$\int_E f(x) \, d\mu(x) = \sum_{j=1}^{n} a_j \mu(A_j \cap E)$$

により定める.

補題 5.4.1. f, g を非負単関数とする.

(i) 任意の $\alpha, \beta > 0$ に対し, $\alpha f + \beta g$ は非負単関数で,

$$\int_E (\alpha f(x) + \beta g(x)) \, d\mu(x) = \alpha \int_E f(x) \, d\mu(x) + \beta \int_E g(x) \, d\mu(x)$$

が成り立つ.

(ii) 任意の $x \in E$ に対し $f(x) \leq g(x)$ ならば,

$$\int_E f(x) \, d\mu(x) \leq \int_E g(x) \, d\mu(x)$$

が成り立つ.

[**証明**] まず, 先に注意したように,

$$f = \sum_{j=1}^{n} a_j \chi_{A_j}, \quad g = \sum_{k=1}^{m} b_k \chi_{B_k}$$

と表す. さらに, $a_0 = b_0 = 0$,

$$A_0 = \mathbb{R}^N \setminus \bigcup_{j=1}^{n} A_j, \quad B_0 = \mathbb{R}^N \setminus \bigcup_{k=1}^{m} B_k$$

とおけば, f と g をあらためて

$$f = \sum_{j=0}^{n} a_j \chi_{A_j}, \quad g = \sum_{k=0}^{m} b_k \chi_{B_k}$$

と表すことができる．このとき，$\{a_j + b_k : 0 \le j \le n,\ 0 \le k \le m\} = \{c_0, \ldots, c_L\}$,

$$C_\ell = \bigcup_{(j,k):a_j+b_k=c_\ell} A_j \cap B_k$$

とおけば，$\ell \ne \ell'$ のとき，$c_\ell \ne c_{\ell'}$ かつ $C_\ell \cap C_{\ell'} = \emptyset$ であり，

$$\sum_{j=0}^{n} a_j \chi_{A_j} + \sum_{k=0}^{m} b_k \chi_{B_k} = \sum_{\substack{0 \le j \le n \\ 0 \le k \le m}} (a_j + b_k)\chi_{A_j \cap B_k} = \sum_{\ell=0}^{L} c_\ell \chi_{C_\ell}$$

が成り立つ．よって，$f + g$ も非負単関数である．この表記を用いて，

$$\int_E (f(x) + g(x))\, d\mu(x)$$

$$= \sum_{\ell=0}^{L} c_\ell \mu(C_\ell \cap E) \quad (\because \text{非負単関数の積分の定義})$$

$$= \sum_{\substack{0 \le j \le n \\ 0 \le k \le m}} (a_j + b_k)\mu(A_j \cap B_k \cap E)$$

$$= \sum_{\substack{0 \le j \le n \\ 0 \le k \le m}} a_j \mu(A_j \cap B_k \cap E) + \sum_{\substack{0 \le j \le n \\ 0 \le k \le m}} b_k \mu(A_j \cap B_k \cap E)$$

$$= \sum_{j=0}^{n} a_j \mu(A_j \cap E) + \sum_{k=0}^{m} b_k \mu(B_k \cap E)$$

$$= \int_E f(x)\, d\mu(x) + \int_E g(x)\, d\mu(x)$$

を得る．また，$\alpha > 0$ に対し，

$$\alpha f = \alpha \sum_{j=0}^{n} a_j \chi_{A_j} = \sum_{j=0}^{n} \alpha a_j \chi_{A_j}$$

194　第 5 章　測度と積分

であるから，

$$\int_E \alpha f(x)\ d\mu(x) = \sum_{j=0}^{n} \alpha a_j \mu(A_j \cap E) = \alpha \sum_{j=0}^{n} a_j \mu(A_j \cap E)$$

$$= \alpha \int_E f(x)\ d\mu(x)$$

が成り立つ．以上のことから，(i) が成り立つことがわかる．(ii) も同様にして示すことができる． $\square$

問題 5.3

補題 5.4.1 の (ii) を示せ．

非負可測関数の場合

次に，非負可測関数の積分を考える．まず，f を非負可測関数とすると，定理 5.3.4 から f に各点収束する非負単関数の単調増加な列 $\{f_n\}_{n \geq 1}$ が存在する．このとき，f の E 上の積分を

$$\int_E f(x)\ d\mu(x) = \lim_{n \to \infty} \int_E f_n(x)\ d\mu(x)$$

により定める．

話を進める前にここで 2 点注意しよう．

- $\{f_n\}_{n \geq 1}$ は非負単関数の単調増加列なので，補題 5.4.1 の (ii) により，その積分値

$$\int_E f_n(x)\ d\mu(x)$$

は単調増加な非負実数列をなす．したがって，∞ の場合も含めれば，その極限である f の積分は存在する．

- f に収束する非負単関数の単調増加な列として，$\{f_n\}_{n \geq 1}$ とは異なる $\{g_n\}_{n \geq 1}$ を選んでも，

$$\lim_{n \to \infty} \int_E f_n(x) \, d\mu(x) = \lim_{n \to \infty} \int_E g_n(x) \, d\mu(x)$$

が成り立つ. すなわち, f の積分の定義は f を近似する非負単関数列の選び方に依存しない.

一般の場合

最後に, 一般の可測関数の積分を考える. まず, f を実数値可測関数とし, f を $f = f_+ - f_-$ と分解する. このとき,

$$\int_E f_+(x) \, d\mu(x) < \infty \quad \text{かつ} \quad \int_E f_-(x) \, d\mu(x) < \infty$$

ならば, f は E 上で**可積分**といい, f の E 上の積分を

$$\int_E f(x) \, d\mu(x) = \int_E f_+(x) \, d\mu(x) - \int_E f_-(x) \, d\mu(x)$$

により定める. なお, 複素数値可測関数 f に対しては, $f = u + iv$ と分解して, u と v が共に可積分のとき, f は可積分といい, f の E 上の積分を

$$\int_E f(x) \, d\mu(x) = \int_E u(x) \, d\mu(x) + i \int_E v(x) \, d\mu(x)$$

により定める.

命題 5.4.2. 有界閉区間上の連続関数はルベーグ積分可能であり, そのリーマン積分とルベーグ積分の二つの値は一致する.

[**証明**] 例題 5.3.5 で考えたように, $f \geq 0$ の場合を示せば十分である. 有界閉区間 $[a, b]$ を 2^n 等分し,

$$\varphi_n(x) = \sum_{j=1}^{2^n} c_{n,j} \chi_{I_{n,j}}, \quad c_{n,j} = \inf_{x \in I_{n,j}} f(x)$$

と定める. このとき, $\{\varphi_n\}_{n \geq 1}$ は単調に増加しながら f に収束する非負単関数の列であり,

196　第5章　測度と積分

$$\int_{[a,b]} \varphi_n(x)\ d\mu(x) = \sum_{j=1}^{2^n} c_j \mu(I_{n,j}) = \sum_{j=1}^{2^n} c_j \frac{1}{2^n}$$

は f のリーマン和である．したがって，$n \to \infty$ のときに，

$$\int_{[a,b]} f(x)\ d\mu(x) = \int_a^b f(x)\ dx$$

が成り立ち，f のリーマン積分とルベーグ積分の二つの値は一致する．　　□

　さて，一般の可測関数に対する積分は本質的に単関数の積分の極限であることから，補題 5.4.1 により，次の基本性質が成り立つことがわかる．

定理 5.4.3. f, g を E 上で定義された可積分関数とする．

(i)　任意の $\alpha, \beta \in \mathbb{R}$ に対し，$\alpha f + \beta g$ は E 上で可積分で，

$$\int_E (\alpha f(x) + \beta g(x))\ d\mu(x) = \alpha \int_E f(x)\ d\mu(x) + \beta \int_E g(x)\ d\mu(x)$$

が成り立つ．

(ii)　任意の $x \in E$ に対し，$f(x) \le g(x)$ ならば，

$$\int_E f(x)\ d\mu(x)\ \le\ \int_E g(x)\ d\mu(x)$$

が成り立つ．

補足 5.4.4. 任意のボレル集合 E に対し，

$$\delta(E) = \begin{cases} 1 & (0 \in E) \\ 0 & (0 \notin E) \end{cases}$$

と定める．この δ はボレル集合族上で完全加法性をみたし，**ディラック測度**とよばれる．そして，この節で解説した積分の構成法をこの δ に適用することができる．特に，$\mathbb{R}$ 上定義された任意の連続関数 f に対し，

$$\int_{\mathbb{R}} f(x) \, d\delta(x) = f(0)$$

が成り立つことがわかる. したがって, ディラック測度はデルタ関数の数学的な正当化の一つである.

補足 5.4.5. ルベーグ積分論は絶対収束する級数の理論も含む. 実際, $X = \mathbb{N}$ に対し, 完全加法族として $\mathbb{N}$ の部分集合の全体 $\mathcal{P}$ を選び, さらに, $\nu(E) = |E|$ と定める. ここで, $|E|$ は E の中の元の数を表す. このとき, この ν は $\mathcal{P}$ 上で完全加法性をみたし, 数え上げ測度とよばれる. そして, この節で解説した積分の構成法をこの ν に適用することができ, $\mathbb{N}$ 上定義された任意の関数 f に対し,

$$\int_{\mathbb{N}} f(n) \, d\nu(n) = \sum_{n=1}^{\infty} f(n)$$

が成り立つことがわかる. 特に, 級数 $\displaystyle\sum_{n=1}^{\infty} a_n$ が絶対収束することと, $f(n) = a_n$ により定まる $\mathbb{N}$ 上の関数 f がこの測度 ν に関して可積分であることは同値である.

「ほとんどいたるところ」と「ほとんどすべて」

ここで, 測度論や積分論で頻繁に用いられる「ほとんどいたるところ」と「ほとんどすべて」という概念を定義する.

定義 5.4.6. $x \in E$ を変数にもつ命題 $P(x)$ に対し, 次の 2 条件をみたす E の部分集合 F が存在するとき, P が E 上**ほとんどいたるところ**で成り立つという. または, $P(x)$ が**ほとんどすべて**の $x \in E$ で成り立つという.

(i) $\mu(F) = 0$,

(ii) 任意の $x \in E \setminus F$ に対して $P(x)$ が成り立つ.

このとき,「P a.e. on E」や「$P(x)$ a.a. $x \in E$」などと略記する. ここで, a.e. は almost everywhere の略であり, a.a. はほとんどすべてを意味する almost

198　第 5 章　測度と積分

all の略である[*9].

例題 5.4.7.　非負可測関数 f に対し，次の 2 条件は同値であることを示せ.

(i)　E 上ほとんどいたるところで $f = 0$.

(ii)　$\displaystyle\int_E f(x)\,d\mu(x) = 0$.

（解答）　定理 5.3.4 の証明で準備した集合 $E_{n,k}$ と $E_{n,\infty}$ を用いよう. このとき，ルベーグ積分の定義から

$$\sum_{k=1}^{n\cdot 2^n} \frac{k-1}{2^n}\mu(E_{n,k}) + n\mu(E_{n,\infty})$$

$$= \int_E f_n(x)\,d\mu(x) \uparrow \int_E f(x)\,d\mu(x) \quad (n \to \infty)$$

が成り立つ. ここで，↑ は単調に増加しながら収束することを表す記号である.

まず，$f = 0$ a.e. on E ならば，すべての $n \in \mathbb{N}$, $k \in \{2,\dots,n\cdot 2^n\}\cup\{\infty\}$ に対し，$\mu(E_{n,k}) = 0$ である. よって，すべての $n \in \mathbb{N}$ に対し，

$$\int_E f_n(x)\,d\mu(x) = \sum_{k=1}^{n\cdot 2^n} \frac{k-1}{2^n}\cdot 0 + 0\cdot\mu(E_{n,1}) = 0$$

が成り立つ. したがって，

$$\int_E f(x)\,d\mu(x) = 0$$

を得る.

今度は，反対に

$$\int_E f(x)\,d\mu(x) = 0$$

を仮定しよう. このときも，すべての $n \in \mathbb{N}$, $k \in \{2,\dots,n\cdot 2^n\}\cup\{\infty\}$ に対

[*9]　『Lebesgue は一片の呪語 'ほとんど' をもって，彼の積分論に魅惑的な外観を与えたのであった.』高木[24].

し，$\mu(E_{n,k}) = 0$ である．よって，任意の $n \in \mathbb{N}$ に対し，ルベーグ測度の完全加法性（定理 5.2.12 の (iv)）により，

$$
\mu\left(\left\{f \geq \frac{1}{2^n}\right\}\right) = \mu\left(\bigcup_{k \in \{2,\ldots,n \cdot 2^n\} \cup \{\infty\}} E_{n,k}\right)
$$

$$
= \sum_{k \in \{2,\ldots,n \cdot 2^n\} \cup \{\infty\}} \mu(E_{n,k}) \quad (\because \text{完全加法性})
$$

$$
= 0
$$

が成り立つ．さらに，

$$
\{f > 0\} = \bigcup_{n=1}^{\infty} \left\{f \geq \frac{1}{2^n}\right\}
$$

であるから，ルベーグ測度の劣加法性（定理 5.2.12 の (iii)）により，

$$
\mu(\{f > 0\}) \leq \sum_{n=1}^{\infty} \mu\left(\left\{f \geq \frac{1}{2^n}\right\}\right) = 0
$$

が成り立つ．以上のことから，$f = 0$ a.e. on E を得る．

問題 5.4

f が E 上で可積分ならば，ほとんどすべての $x \in E$ に対し $|f(x)| < \infty$ であること，すなわち，$\mu(\{|f| = \infty\} \cap E) = 0$ であることを示せ．

問題 5.5

E 上ほとんどいたるところで $f = g$ ならば，

$$
\int_E f(x) \, d\mu(x) = \int_E g(x) \, d\mu(x)
$$

が成り立つことを示せ．

200　第5章　測度と積分

5.5　収束定理

まず，次の例から始めよう．$f_n(x) = nx^n$ とおく．このとき，

$$\int_0^1 f_n(x) \, dx = \int_0^1 nx^n \, dx = \left[\frac{n}{n+1} x^{n+1} \right]_0^1 = \frac{n}{n+1} \to 1 \quad (n \to \infty)$$

が成り立つ．一方，$x \neq 1$ であれば，$f_n(x) \to 0 \; (n \to \infty)$ が成り立つ．よって，今の場合，

$$\lim_{n \to \infty} \int_0^1 f_n(x) \, dx \neq \int_0^1 \left(\lim_{n \to \infty} f_n(x) \right) dx$$

となる．このように，極限と積分の順序交換はいつでも成り立つわけではない．この節では，極限と積分の順序交換を保証する定理を紹介しよう．可測関数の列の極限操作と積分に関する一連の結果を収束定理という．ルベーグ積分の有用性の多くは，この収束定理にあるといえる．以下，$E \in \mathcal{M}(\mathbb{R}^N)$ は任意とする．

単調収束定理

定理 5.5.1（単調収束定理）．　非負可測関数 f と非負可測関数の単調増加列 $\{f_n\}_{n \geq 1}$ に対し，E 上ほとんどいたるところで $f_n \to f \; (n \to \infty)$ を仮定する．このとき，

$$\lim_{n \to \infty} \int_E f_n(x) \, d\mu(x) = \int_E f(x) \, d\mu(x)$$

が成り立つ．なお，この等式は $\infty = \infty$ の場合も許す．

［証明］　$\{\varphi_{nm}\}_{m \geq 1}$ を f_n を近似する非負単関数の増加列とし，

$$\varphi_m(x) = \max_{1 \leq n \leq m} \varphi_{nm}(x) \quad (x \in E)$$

と定める．このとき，$\{\varphi_m\}_{m \geq 1}$ も非負単関数の増加列である．また，任意の $x \in E$ に対し，

$$\varphi_{nm}(x) \leq f_n(x) \leq f_m(x) \quad (n \leq m)$$

から，$\varphi_m(x) \leq f_m(x)$ を得る．よって，任意の $x \in E$ に対し，

$$\varphi_{nm}(x) \leq \varphi_m(x) \leq f_m(x) \quad (n \leq m)$$

が成り立つ．ここで $m \to \infty, n \to \infty$ とすることで，ほとんどすべての $x \in E$ に対し，$\varphi_m(x) \to f(x) \, (m \to \infty)$ が成り立つことがわかる．以上のことから，f の積分が定義でき，特に，

$$\int_E \varphi_m(x) \, d\mu(x) \leq \int_E f_m(x) \, d\mu(x) \leq \int_E f(x) \, d\mu(x)$$

が成り立つことがわかった．ここで，$m \to \infty$ とすれば，結論を得る． $\qquad\square$

例題 5.5.2. 単調収束定理を用いて，極限値

$$\lim_{n \to \infty} \int_0^\pi (1 - \sin^n x) \, dx$$

を求めよ．

（**解答**） まず，命題 5.4.2 により，$d\mu(x)$ の積分と dx の積分を区別する必要はないことに注意しておく．任意の $0 \leq x \leq \pi$ に対し，$1 - \sin^n x$ は n に関して単調増加である．また，$x \neq \pi/2$ のとき，$1 - \sin^n x \to 1 \, (n \to \infty)$ が成り立つ．よって，単調収束定理により，

$$\lim_{n \to \infty} \int_0^\pi (1 - \sin^n x) \, dx = \int_0^\pi 1 \, dx = \pi$$

を得る．

$\mathbb{R}$ 上で定義された非負連続関数 f が広義リーマン積分可能なとき，

$$\int_{\mathbb{R}} f(x) \, d\mu(x) = \int_{-\infty}^\infty f(x) \, dx \tag{5.5.1}$$

が成り立つ．実際，$f_n(x) = \chi_{[-n, n]} f(x)$ とおけば，

202　第5章　測度と積分

$$\int_{\mathbb{R}} f(x)\ d\mu(x) = \lim_{n \to \infty} \int_{\mathbb{R}} f_n(x)\ d\mu(x) \quad (\because \text{単調収束定理})$$

$$= \lim_{n \to \infty} \int_{[-n,n]} f(x)\ d\mu(x)$$

$$= \lim_{n \to \infty} \int_{-n}^{n} f(x)\ dx \quad (\because \text{命題 5.4.2})$$

$$= \int_{-\infty}^{\infty} f(x)\ dx$$

が成り立つからである.

問題 5.6

単調収束定理を用いて, 極限値

$$\lim_{n \to \infty} \int_{0}^{\infty} e^{-x}(1 - \cos^{2n} x)\ dx$$

を求めよ.

ルベーグの収束定理

定理 5.5.3 (ルベーグの収束定理). E 上の可積分関数の列 $\{f_n\}_{n \geq 1}$ に対し, 次の 2 条件を仮定する.

(i) ほとんどすべての $x \in E$ に対し, $\displaystyle\lim_{n \to \infty} f_n(x)$ が存在する.

(ii) E 上ほとんどいたるところで

$$|f_n(x)| \leq \varphi(x) \quad (n \geq 1)$$

をみたす E 上の非負可積分関数 φ が存在する.

このとき, 極限関数 $\displaystyle\lim_{n \to \infty} f_n$ は E 上で可積分であり,

$$\lim_{n \to \infty} \left(\int_{E} f_n(x)\ d\mu(x) \right) = \int_{E} \left(\lim_{n \to \infty} f_n(x) \right) d\mu(x)$$

が成り立つ.

5.5 収束定理 203

[**証明**] まず，命題 5.3.2 により，任意の $m \in \mathbb{N}$ に対し，$\max\{f_1, \ldots, f_m\}$ は可積分関数である．さらに，任意の $x \in E$ に対し，$\max\{f_1(x), \ldots, f_m(x)\}$ は m に関して単調増加であり，

$$\max\{f_1(x), \ldots, f_m(x)\} \le \varphi(x) \quad (x \in E)$$

が成り立つ．よって，単調収束定理により

$$g_1(x) = \sup\{f_1(x), f_2(x), \ldots\}$$

は可積分関数である．同様に，

$$g_n(x) = \sup\{f_n(x), f_{n+1}(x), \ldots\}$$

も可積分関数である．以下，$f = \lim_{n \to \infty} f_n$ とおく．今，$\{g_1 - g_n\}_{n \ge 1}$ に単調収束定理が使えて，

$$\int_E (g_1(x) - g_n(x))\, d\mu(x) \to \int_E (g_1(x) - f(x))\, d\mu(x) \quad (n \to \infty)$$

が成り立つ．さらに，

$$0 \le g_1(x) - g_n(x) \le g_1(x) + \varphi(x) \quad (n \in \mathbb{N})$$

から，$g_1 - f$ は可積分であることがわかる．よって，f は可積分であり，

$$\int_E g_n(x)\, d\mu(x) \to \int_E f(x)\, d\mu(x) \quad (n \to \infty)$$

が成り立つ．また，任意の $x \in E$ に対し，

$$h_n(x) = \inf\{f_n(x), f_{n+1}(x), \ldots\}$$

と定めると，g_n の場合と同様に，

$$\int_E h_n(x)\, d\mu(x) \to \int_E f(x)\, d\mu(x) \quad (n \to \infty)$$

が示される．ここで，任意の $x \in E$ に対し，$h_n(x) \le f(x) \le g_n(x)$ である

204   第5章　測度と積分

から，

$$\int_E h_n(x) \, d\mu(x) \le \int_E f(x) \, d\mu(x) \le \int_E g_n(x) \, d\mu(x)$$

が成り立つ．したがって，

$$\int_E f_n(x) \, d\mu(x) \to \int_E f(x) \, d\mu(x) \quad (n \to \infty)$$

を得る． □

$\mathbb{R}$ 上で定義された連続関数 f に対し，$|f|$ が広義リーマン積分可能なとき，

$$\int_{\mathbb{R}} f(x) \, d\mu(x) = \int_{-\infty}^{\infty} f(x) \, dx$$

が成り立つ．実際，$f_n(x) = \chi_{[-n,n]}(x) f(x)$, $\varphi(x) = |f(x)|$ の場合を考えれば，(5.5.1)で示したように φ は $\mathbb{R}$ 上可積分であり，

$$\int_{\mathbb{R}} f(x) \, d\mu(x) = \lim_{n \to \infty} \int_{\mathbb{R}} f_n(x) \, d\mu(x) \quad (\because \text{ルベーグの収束定理})$$

$$= \lim_{n \to \infty} \int_{[-n,n]} f(x) \, d\mu(x)$$

$$= \lim_{n \to \infty} \int_{-n}^{n} f(x) \, dx \quad (\because \text{命題} 5.4.2)$$

が成り立つからである．

例題 5.5.4. ルベーグの収束定理を用いて，極限値

$$\lim_{n \to \infty} \int_0^{\infty} e^{-x} \sin^n x \, dx$$

を求めよ．

（**解答**）　任意の $x \ge 0$ に対し，

$$|e^{-x} \sin^n x| \le e^{-x}$$

が成り立ち, e^{-x} は $[0, \infty)$ で可積分である. また, $x \neq \pi k/2 \ (k \in \mathbb{N})$ のとき,

$$e^{-x} \sin^n x \to 0 \quad (n \to \infty)$$

が成り立つ. 以上のことから, $E = [0, \infty)$, $f_n(x) = e^{-x} \sin^n x$, $\varphi(x) = e^{-x}$ と考えれば, ルベーグの収束定理により,

$$\lim_{n \to \infty} \int_0^\infty e^{-x} \sin^n x \, dx = \int_0^\infty \left(\lim_{n \to \infty} e^{-x} \sin^n x \right) dx = 0$$

を得る.

問題 5.7

ルベーグの収束定理を用いて, 次の極限値を求めよ.

(i) $\displaystyle \lim_{n \to \infty} \int_0^\infty e^{-x} \cos^n x \, dx.$

(ii) $\displaystyle \lim_{n \to \infty} \int_0^\infty e^{-x} \frac{1}{1 + x^n} \, dx.$

次の系は有用である.

系 5.5.5 (有界収束定理). 有界閉区間 $[a, b]$ 上の可積分関数の列 $\{f_n\}_{n \geq 1}$ に対し, 次の 2 条件を仮定する.

(i) ほとんどすべての $x \in [a, b]$ に対し, $\displaystyle \lim_{n \to \infty} f_n(x)$ が存在する.

(ii) $[a, b]$ 上ほとんどいたるところで

$$|f_n(x)| \leq M \quad (n \geq 1)$$

をみたす定数 $M > 0$ が存在する.

このとき, 極限関数 $\displaystyle \lim_{n \to \infty} f_n$ は $[a, b]$ 上で可積分であり,

$$\lim_{n \to \infty} \left(\int_E f_n(x) \, d\mu(x) \right) = \int_E \left(\lim_{n \to \infty} f_n(x) \right) d\mu(x)$$

が成り立つ.

206　第5章　測度と積分

[**証明**]　ルベーグの収束定理にて，$\varphi(x) = M$ とおけばよい.　　　　　□

例題 5.5.6.　$R > 0,\, t < 0$ とする. 有界収束定理を用いて，

$$\lim_{R\to\infty}\int_{-\pi/2}^{\pi/2}\frac{1}{1+Re^{i\theta}}e^{tR\cos\theta}R\,d\theta = 0$$

を示せ[*10].

(**解答**)　まず，$\theta \neq \pm\pi/2$ のとき，

$$\lim_{R\to\infty}\frac{1}{1+Re^{i\theta}}e^{tR\cos\theta}R = 0$$

が成り立つ. また，

$$\left|\frac{1}{1+Re^{i\theta}}e^{tR\cos\theta}R\right| \leq M \quad \left(R > 1,\ -\frac{\pi}{2} \leq \theta \leq \frac{\pi}{2}\right)$$

をみたす $M > 0$ が存在する. よって，有界収束定理により，

$$\lim_{R\to\infty}\int_{-\pi/2}^{\pi/2}\frac{1}{1+Re^{i\theta}}e^{tR\cos\theta}R\,d\theta$$

$$= \int_{-\pi/2}^{\pi/2}\left(\lim_{R\to\infty}\frac{1}{1+Re^{i\theta}}e^{tR\cos\theta}R\right)d\theta = 0$$

を得る.

　次の系も有用である.

系 5.5.7.　$(a,b) \times E$ 上で定義された関数 $f(t,x)$ に対し，以下の3条件を仮定する.

(i)　任意の $t \in (a,b)$ に対し，$f(t,x)$ は x の関数として E 上で可積分である.

(ii)　任意の $x \in E$ に対し，$f(t,x)$ は t について微分可能である.

(iii)　E 上ほとんどいたるところで，

―――――――――――――
[*10]　例題 3.1.6 も参照せよ.

$$\left| \frac{\partial f}{\partial t}(t, x) \right| \le \varphi(x) \quad (t \in (a, b))$$

をみたす E 上の非負可積分関数 φ が存在する.

このとき，$\int_E f(t, x)\, d\mu(x)$ は t について微分可能であり，

$$\frac{d}{dt} \int_E f(t, x)\, d\mu(x) = \int_E \left(\frac{\partial f}{\partial t}(t, x) \right) d\mu(x)$$

が成り立つ.

[**証明**]　まず，$t_0 \in (a, b)$ を固定し，h を十分 0 に近い実数として，特に $t_0 + h \in (a, b)$ であるように選ぶ．ここで，各 $x \in E$ に対して，平均値の定理から，

$$\frac{f(t_0 + h, x) - f(t_0, x)}{h} = \frac{\partial f}{\partial t}(\theta_x, x)$$

をみたす実数 θ_x が存在する．このとき，仮定 (iii) より，

$$\left| \frac{f(t_0 + h, x) - f(t_0, x)}{h} \right| = \left| \frac{\partial f}{\partial t}(\theta_x, x) \right| \le \varphi(x)$$

であるので，ルベーグの収束定理により，

$$\lim_{h \to 0} \frac{1}{h} \left(\int_E f(t_0 + h, x)\, d\mu(x) - \int_E f(t_0, x)\, d\mu(x) \right)$$
$$= \lim_{h \to 0} \int_E \frac{f(t_0 + h, x) - f(t_0, x)}{h}\, d\mu(x)$$
$$= \int_E \left(\lim_{h \to 0} \frac{f(t_0 + h, x) - f(t_0, x)}{h} \right) d\mu(x)$$
$$= \int_E \left(\frac{\partial f}{\partial t}(t_0, x) \right) d\mu(x)$$

を得る. □

例題 5.5.8. 直積集合 $\mathbb{R} \times [0, 2\pi]$ 上で定義された 2 変数関数 $u(t, x)$ に対し,

208 第 5 章 測度と積分

$\dfrac{\partial u}{\partial t}$ が $\mathbb{R} \times [0, 2\pi]$ 上で有界であることを仮定する. このとき, 系 5.5.7 を用いて,

$$\frac{d}{dt} \int_0^{2\pi} u(t,x) e^{-inx} \, dx = \int_0^{2\pi} \left(\frac{\partial u}{\partial t}(t,x) e^{-inx} \right) \, dx$$

が成り立つことを示せ[*11].

(**解答**) まず,

$$f(t,x) = u(t,x) e^{-inx}$$

とおく. このとき, 仮定から,

$$\left| \frac{\partial f}{\partial t}(t,x) \right| = \left| \frac{\partial u}{\partial t}(t,x) \right| \le M \quad ((t,x) \in \mathbb{R} \times [0,2\pi]))$$

をみたす $M > 0$ が存在する. よって, $\varphi(x) = M$ とおけば, 系 5.5.7 により結論を得る.

例題 5.5.9. 系 5.5.7 を用いて,

$$\frac{d}{dt} \int_{-\infty}^{\infty} e^{-x^2} e^{-2\pi itx} \, dx = \int_{-\infty}^{\infty} \left(\frac{\partial}{\partial t} e^{-x^2} e^{-2\pi itx} \right) \, dx$$

が成り立つことを示せ.

(**解答**) まず, $f(t,x) = e^{-x^2} e^{-2\pi itx}$ とおく. このとき, $\mathbb{R} \times \mathbb{R}$ 上で,

$$\left| \frac{\partial}{\partial t} f(t,x) \right| = \left| \frac{\partial}{\partial t} e^{-x^2} e^{-2\pi itx} \right| = \left| (-2\pi i x) e^{-x^2} e^{-2\pi itx} \right| \le 2\pi |x| e^{-x^2}$$

が成り立つ. ここで, $\varphi(x) = 2\pi |x| e^{-x^2}$ とおけば, φ は $\mathbb{R}$ 上可積分である. よって, 系 5.5.7 により, 結論を得る[*12].

[*11] (1.4.3) を導く計算も参照せよ.

[*12] 補題 2.3.1 も参照せよ.

問題 5.8

$y > 0$ のとき,

$$\frac{\partial}{\partial x} \int_0^\infty e^{-2\pi yt} \cos(2\pi xt) \, dt = \int_0^\infty \left(\frac{\partial}{\partial x} e^{-2\pi yt} \cos(2\pi xt) \right) dt$$

が成り立つことを示せ.

系 5.5.10 (項別積分定理). E 上の可積分関数の列 $\{u_k\}_{k \geq 1}$ が

$$\sum_{k=1}^\infty \left(\int_E |u_k(x)| \, d\mu(x) \right) < \infty$$

をみたすならば, $\displaystyle\sum_{k=1}^\infty u_k$ も E 上で可積分であり,

$$\int_E \left(\sum_{k=1}^\infty u_k(x) \right) d\mu(x) = \sum_{k=1}^\infty \left(\int_E u_k(x) \, d\mu(x) \right)$$

が成り立つ.

[証明] E 上の可積分関数の列 $\{u_k\}_{k \geq 1}$ に対し, 単調収束定理により,

$$\int_E \left(\sum_{k=1}^\infty |u_n(x)| \right) d\mu(x) = \sum_{k=1}^\infty \left(\int_E |u_n(x)| \, d\mu(x) \right)$$

が成り立つ. このとき, $f_n = \displaystyle\sum_{k=1}^n u_k$, $\varphi = \displaystyle\sum_{k=1}^\infty |u_k|$ とおくと, 仮定により, φ は可積分関数であり,

$$|f_n(x)| = \left| \sum_{k=1}^n u_k(x) \right| \leq \sum_{k=1}^\infty |u_n(x)| = \varphi(x)$$

が成り立つ. よって, ルベーグの収束定理により結論を得る. □

210　第5章　測度と積分

フビニの定理

　補足 5.4.5 で述べたように，ルベーグ積分論において，絶対収束する級数と可積分関数は本質的に同じ概念である．したがって，項別積分定理では積分の順序を交換しているとみなすことができる．その一方で，積分も極限であるから，積分の順序は一般に交換することはできない．次の例がある．

例 5.5.11. ここでは，

$$\int_1^\infty \left(\int_1^\infty \frac{x^2 - y^2}{(x^2 + y^2)^2} \, dy \right) dx \neq \int_1^\infty \left(\int_1^\infty \frac{x^2 - y^2}{(x^2 + y^2)^2} \, dx \right) dy$$

を示そう．これは2重積分の順序交換が成り立たない例である．まず，左辺の積分は

$$\int_1^\infty \left(\int_1^\infty \frac{x^2 - y^2}{(x^2 + y^2)^2} \, dy \right) dx = \int_1^\infty \left[y(x^2 + y^2)^{-1} \right]_1^\infty dx$$
$$= -\int_1^\infty \frac{1}{x^2 + 1} \, dx$$
$$= -\pi$$

と計算される．また，x と y の役割を交換すれば，右辺の積分の値は π であることがわかる．

　項別積分定理の2重積分版はフビニの定理とよばれる．ここでは，それを $\mathbb{R}^2$ の場合に限って紹介しよう．

定理 5.5.12（フビニの定理）. $\mathbb{R}^2$ 内の直積集合 $E_1 \times E_2$ 上で定義された2変数可測関数 $F = F(x, y)$ に対し，

$$\int_{E_1 \times E_2} |F(x, y)| \, dxdy, \quad \int_{E_2} \left(\int_{E_1} |F(x, y)| \, dx \right) dy,$$
$$\int_{E_1} \left(\int_{E_2} |F(x, y)| \, dy \right) dx$$

のうちどれか一つが有限であれば，残りの二つの積分も有限であり，

$$\int_{E_1 \times E_2} F(x,y)\ dxdy = \int_{E_2} \left(\int_{E_1} F(x,y)\ dx \right) dy$$
$$= \int_{E_1} \left(\int_{E_2} F(x,y)\ dy \right) dx$$

が成り立つ.

例題 5.5.13. 任意の $f,\, g \in C(\mathbb{T})$ に対し,

$$\int_0^{2\pi} \left(\int_0^{2\pi} f(x-y)g(y)\ dy \right) dx = \left(\int_0^{2\pi} f(x)\ dx \right) \left(\int_0^{2\pi} g(y)\ dy \right)$$

が成り立つことを示せ[*13].

(解答) まず,

$$F(x,y) = f(x-y)g(y)$$

とおくと, $F(x,y)$ は $[0,2\pi] \times [0,2\pi]$ 上で連続である. よって,

$$\int_{[0,2\pi] \times [0,2\pi]} |F(x,y)|\ dxdy$$

は有限である. したがって, フビニの定理によって, 積分の順序が交換できて,

$$\int_0^{2\pi} \left(\int_0^{2\pi} f(x-y)g(y)\ dy \right) dx = \int_0^{2\pi} \left(\int_0^{2\pi} f(x-y)\ dx \right) g(y)\ dy$$
$$= \left(\int_0^{2\pi} f(x)\ dx \right) \left(\int_0^{2\pi} g(y)\ dy \right)$$

が成り立つ. 最後の等式を得るときに, f が周期関数であることを用いた.

例題 5.5.14.

$$\int_{-\infty}^{\infty} \left(\int_{-\infty}^{\infty} e^{-(x-y)^2} e^{-y^2}\ dy \right) dx = \pi$$

[*13] 例題 1.4.2 も参照せよ.

212 第5章 測度と積分

を示せ[*14].

(**解答**) まず,

$$F(x, y) = e^{-(x-y)^2} e^{-y^2}$$

とおくと, 任意の $(x, y) \in \mathbb{R}^2$ に対し, $F(x, y) \geq 0$ である. また,

$$\int_{-\infty}^{\infty} \left(\int_{-\infty}^{\infty} F(x, y) \, dx \right) dy = \int_{-\infty}^{\infty} \left(\int_{-\infty}^{\infty} e^{-(x-y)^2} \, dx \right) e^{-y^2} \, dy$$
$$= \left(\int_{-\infty}^{\infty} e^{-x^2} \, dx \right) \left(\int_{-\infty}^{\infty} e^{-y^2} \, dy \right)$$
$$= \pi$$

が成り立つ. よって, フビニの定理により, 積分の順序が交換できて,

$$\int_{-\infty}^{\infty} \left(\int_{-\infty}^{\infty} F(x, y) \, dy \right) dx = \int_{-\infty}^{\infty} \left(\int_{-\infty}^{\infty} F(x, y) \, dx \right) dy = \pi$$

を得る.

[*14] 補題 2.4.2 も参照せよ.

付録 A

連続関数の空間

ここでは，有界閉区間 $[a, b]$ 上の連続関数全体からなる空間 $C([a, b])$ の基礎的な性質を述べよう．まず，$C([a, b])$ はベクトル空間である．そして任意の $f \in C([a, b])$ に対し，

$$\|f\|_\infty = \max_{x \in [a, b]} |f(x)|$$

と定め，これを f の**無限大ノルム**とよぶ．このとき，任意の $f, g \in C([a, b])$ と任意の $\alpha \in \mathbb{C}$ に対し，

- (i) $\|f\|_\infty \geq 0$ であり，$\|f\|_\infty = 0 \Leftrightarrow f = 0$，
- (ii) $\|\alpha f\|_\infty = |\alpha| \|f\|_\infty$，
- (iii) $\|f + g\|_\infty \leq \|f\|_\infty + \|g\|_\infty$（**三角不等式**）

が成り立つ．以下では，$C([a, b])$ と $\|\cdot\|_\infty$ を合わせて考えた空間 $(C([a, b]), \|\cdot\|_\infty)$ のことを単に $C([a, b])$ と書く．また，$C([a, b])$ 内の関数列 $\{f_n\}_{n \geq 1}$ が

$$\|f_n - f_m\|_\infty \to 0 \quad (n, m \to \infty)$$

をみたすとき，$\{f_n\}_{n \geq 1}$ は $C([a, b])$ の**コーシー列**とよばれる．

定理 A.1. $\{f_n\}_{n \geq 1}$ を $C([a, b])$ のコーシー列とするとき，

$$\|f_n - f\|_\infty \to 0 \quad (n \to \infty)$$

をみたす $f \in C([a, b])$ が存在する．

[証明] $\{f_n\}_{n \geq 1}$ はコーシー列であるから，任意の $x \in [a, b]$ に対し，

$$0 \leq |f_n(x) - f_m(x)| \leq \|f_n - f_m\|_\infty \to 0 \quad (n, m \to \infty)$$

213

214 付　録

が成り立つ. よって, $\mathbb{C}$ の完備性[*1]により, $\lim_{n\to\infty} f_n(x)$ が存在する. この極限値を $f(x)$ と表し, この f が $C([a,b])$ の元であることを示そう. まず, $\{f_n\}_{n\geq 1}$ はコーシー列であるから, 任意の $\varepsilon > 0$ に対し,

$$|f_n(x) - f_m(x)| \leq \|f_n - f_m\|_\infty < \varepsilon \quad (x \in [a,b],\ n,m \geq N)$$

をみたす $N \in \mathbb{N}$ が存在する. ここで, $n = N$ と固定し, $m \to \infty$ とすれば,

$$|f_N(x) - f(x)| \leq \varepsilon \quad (x \in [a,b])$$

が得られる. この ε と N に対し, $f_N \in C([a,b])$ であるから, 任意の $c \in [a,b]$ に対し,

$$|f_N(x) - f_N(c)| < \varepsilon \quad (|x - c| < \delta)$$

をみたす $\delta > 0$ が存在する. よって, $|x - c| < \delta$ であれば,

$$|f(x) - f(c)| \leq |f(x) - f_N(x)| + |f_N(x) - f_N(c)| + |f_N(c) - f(c)| < 3\varepsilon$$

が成り立つ. したがって, $f \in C([a,b])$ である. $\qquad\qquad\Box$

$C([a,b])$ 内の関数列 $\{f_n\}_{n\geq 1}$ に対し,

$$\|f_n - f\|_\infty \to 0 \quad (n \to \infty)$$

をみたす $f \in C([a,b])$ が存在するとき, f_n は f に**一様収束**するという. このとき, 定理 A.1 の結論は, $C([a,b])$ のコーシー列は一様収束すると述べることができる. これを $C([a,b])$ の**完備性**という.

有界な実数列から収束する部分列を選ぶことができる[*2]. この事実は解析学で基本的であった. 以下では, 一様収束に関しそれに相当する定理を証明しよう.

[*1]　複素数列 $\{c_n\}_{n\geq 1}$ に対し, $|c_n - c_m| \to 0$ $(n,m \to \infty)$ のとき, $\lim_{n\to\infty} c_n$ が $\mathbb{C}$ の中に存在する. すなわち, $\mathbb{C}$ のコーシー列は $\mathbb{C}$ の中で収束する. これを $\mathbb{C}$ の**完備性**とよぶ.

[*2]　この事実はボルツァーノ・ワイエルシュトラスの定理とよばれる.

付録 A　連続関数の空間　215

定理 A.2（アスコリ・アルツェラの定理）.　$C([a, b])$ 内の関数列 $\{f_n\}_{n \geq 1}$ が

(i)　$\displaystyle\sup_{n \geq 1} \|f_n\|_\infty < \infty$（**一様有界性**）,

(ii)　$\displaystyle\sup_{\substack{|x-y|<\delta \\ n \geq 1}} |f_n(x) - f_n(y)| \to 0$　$(\delta \to +0)$　（**同程度連続性**）

をみたすとする. このとき, $C([a, b])$ 内で一様収束する部分列 $\{f_{n_k}\}_{k \geq 1}$ を $\{f_n\}_{n \geq 1}$ から選ぶことができる.

[**証明**]　まず, $[a, b]$ 内の有理数を $r_1, r_2, r_3, \ldots$ と並べる. このとき,

$$f_1(r_1), f_2(r_1), f_3(r_1), \ldots$$

は有界列であるから, 収束する部分列

$$f_1^{(1)}(r_1), f_2^{(1)}(r_1), f_3^{(1)}(r_1), \ldots$$

を選ぶことができる. また,

$$f_1^{(1)}(r_2), f_2^{(1)}(r_2), f_3^{(1)}(r_2), \ldots$$

は有界列であるから, 再び部分列

$$f_1^{(2)}(r_2), f_2^{(2)}(r_2), f_3^{(2)}(r_2), \ldots$$

を収束するように選ぶことができる. 以下同様にして,

$$f_1^{(n-1)}(r_n), f_2^{(n-1)}(r_n), f_3^{(n-1)}(r_n), \ldots$$

は有界列であるから, 部分列

$$f_1^{(n)}(r_n), f_2^{(n)}(r_n), f_3^{(n)}(r_n), \ldots$$

を収束するように選ぶことができる. このとき, すべての r_j $(j \geq 1)$ に対して,

$$f_1^{(1)}(r_j), f_2^{(2)}(r_j), f_3^{(3)}(r_j), \ldots$$

216 付　録

は収束することがわかる^{*3}. 以下, $f_n = f_n^{(n)}$ と略記する. このようにして構成された $\{f_n\}_{n \geq 1}$ がコーシー列であれば, $C([a,b])$ の完備性 (定理 A.1) により結論を得る. では, $\{f_n\}_{n \geq 1}$ がコーシー列であることを示そう. 仮定 (ii) から, 任意の $\varepsilon > 0$ に対し,

$$|x - y| < \delta \Rightarrow |f_n(x) - f_n(y)| < \varepsilon \quad (n \geq 1)$$

をみたす $\delta > 0$ が存在する. また, 有理数の稠密性と $[a,b]$ のコンパクト性^{*4} から,

$$[a,b] \subset \bigcup_{k=1}^{N} \{x \in \mathbb{R} : |x - r_k| < \delta\}$$

をみたす $N \in \mathbb{N}$ が存在する. さらに, $1 \leq k \leq N$ に対し, 実数列 $\{f_n(r_k)\}_{n \geq 1}$ は収束列であるからコーシー列であり,

$$n, m \geq M \Rightarrow |f_n(r_k) - f_m(r_k)| < \varepsilon \quad (1 \leq k \leq N)$$

をみたす $M \in \mathbb{N}$ が存在する. 以上のことから, $n, m \geq M$ のとき, 任意の $x \in [a,b]$ に対し, $|x - r_k| < \delta$ となる $1 \leq k \leq N$ を選ぶことができ,

$$|f_n(x) - f_m(x)| \leq |f_n(x) - f_n(r_k)| + |f_n(r_k) - f_m(r_k)| + |f_m(r_k) - f_m(x)|$$
$$< 3\varepsilon$$

が成り立つ. すなわち,

$$\|f_n - f_m\|_\infty < 3\varepsilon \quad (n, m \geq M)$$

が成り立ち, $\{f_n\}_{n \geq 1}$ はコーシー列であることがわかった. □

---

^{*3}　これを対角線論法という.

^{*4}　有界閉区間 $[a,b]$ が無限個の開区間 (x_λ, y_λ) $(\lambda \in \Lambda)$ で覆われているとき, そこから有限個の開区間 $(x_{\lambda_j}, y_{\lambda_j})$ $(j = 1, \dots, n)$ をうまく選んで, それらで $[a,b]$ を覆うことができる. これを有界閉区間の**コンパクト性**とよぶ.

付録 A　連続関数の空間　217

次の定理も有用である.

定理 A.3 (ディニの定理).　実数に値をとる $f, f_n \in C([a,b])$ $(n \geq 1)$ に対し,

(i)　$0 \leq f_1(x) \leq f_2(x) \leq \cdots \leq f_n(x) \leq \cdots$　$(x \in [a,b])$,

(ii)　$\lim_{n \to \infty} f_n(x) = f(x)$　$(x \in [a,b])$

を仮定する. このとき, f_n は f に一様収束する.

[証明]　まず, $\varepsilon > 0$ を任意とし固定する. このとき, 任意の $x_0 \in [a,b]$ に対し,

$$0 \leq f(x_0) - f_{n(x_0)}(x_0) < \varepsilon \quad (n \geq n(x_0))$$

をみたす $n(x_0) \in \mathbb{N}$ が存在する. 今, $f - f_{n(x_0)}$ は連続関数であるから,

$$0 \leq f(x) - f_{n(x_0)}(x) < \varepsilon \quad (x \in U(x_0))$$

が成り立つように x_0 の近傍 $U(x_0) = \{x \in [a,b] : |x - x_0| < \delta_0\}$ を選ぶことができる. さらに, $f_n(x)$ は n に関し単調増加であるから,

$$0 \leq f(x) - f_n(x) < \varepsilon \quad (x \in U(x_0), \, n \geq n(x_0))$$

が成り立つ. さて, 任意の $x \in [a,b]$ に対し, 一斉にこのような近傍 $U(x)$ を考える. このとき, $[a,b]$ のコンパクト性により,

$$[a,b] \subset \bigcup_{j=1}^{N} U(x_j)$$

が成り立つように有限個の x_j $(j = 1, \ldots, N)$ を選ぶことができる. ここで,

$$M = \max\{n(x_1), \ldots, n(x_N)\}$$

とおけば, $n \geq M$ のとき,

$$0 \leq f(x) - f_n(x) < \varepsilon \quad (x \in [a,b])$$

が成り立つ. したがって,

218 付　録

$$\|f - f_n\|_\infty \to 0 \quad (n \to \infty)$$

が成り立つ. □

付録 B

偏角の原理

有理関数の零点と極の個数の関係を与える偏角の原理をここで紹介しよう.

定理 B.1（偏角の原理）. 有理関数 $f(z)$ に対し, 単純閉曲線 C で囲まれた領域の内部にある $f(z)$ の零点と極の個数を, 重複を込めてそれぞれ $Z(f;C)$, $P(f;C)$ と表す. このとき, C 上に $f(z)$ の零点と極がなければ,

$$\frac{1}{2\pi i} \int_C \frac{f'(z)}{f(z)} \, dz = Z(f;C) - P(f;C)$$

が成り立つ.

証明を与える前に, 偏角の原理という名の所以を考えよう. まず, 複素対数関数は

$$\log z = \log|z| + i \arg z$$

と定められた. 実際,

$$e^{\log z} = \exp(\log|z| + i \arg z) = \exp(\log|z|) \exp(i \arg z)$$

$$= |z|e^{i \arg z} = z$$

が成り立つ. ここで, 複素平面内の原点を通らない曲線 $z = z(t)$ $(a \leq t \leq b)$ を考える. このとき, $\arg z(t)$ は $z(t)$ が左回りに動くときは連続的に増え, 右回りに動くときは連続的に減る. よって, $z(a)$ を始点として, $\arg z(a)$ を $[0, 2\pi)$ から選んでおけば, $\arg z(b) - \arg z(a)$ は曲線 $z = z(t)$ $(a \leq t \leq b)$ が原点の周りをどれだけ回るかを表す量である. よって, 原点を通らない単純閉曲線 C を $C : z = z(t)$ $(a \leq t \leq b)$ と表せば,

219

220 付　録

$$\frac{1}{2\pi i}\int_C \frac{f'(z)}{f(z)}\,dz = \frac{1}{2\pi i}\int_a^b \frac{f'(z(t))}{f(z(t))}\frac{dz}{dt}\,dt$$

$$= \frac{1}{2\pi i}\int_a^b \frac{d}{dt}\log f(z(t))\,dt$$

$$= \frac{1}{2\pi i}[\log f(z(t))]_a^b$$

$$= \frac{1}{2\pi i}(\log f(z(b)) - \log f(z(a)))$$

$$= \frac{1}{2\pi}(\arg f(z(b)) - \arg f(z(a)))$$

$$= (\text{閉曲線 } f(C) \text{ が } 0 \text{ の周りを回る回数})$$

が成り立つ．これが偏角の原理という名の所以である．

[**証明**]　単純閉曲線 C で囲まれた領域を D と表す．点 a を D 内にある $f(z)$ の零点とし，n をその位数とすれば，

$$f(z) = A(z-a)^n g(z)$$

と表される．ここで，$g(z)$ は a を零点にもたない正則関数である．このとき，

$$\frac{f'(z)}{f(z)} = \frac{An(z-a)^{n-1}g(z) + A(z-a)^n g'(z)}{A(z-a)^n g(z)}$$

$$= \frac{n}{z-a} + \frac{g'(z)}{g(z)}$$

が成り立つ．今，$g'(z)/g(z)$ は $z=a$ の周りで正則であるから，$f'(z)/f(z)$ の $z=a$ における留数は n である．次に，点 b を D 内にある $f(z)$ の極とし，m をその位数とすれば，

$$f(z) = B(z-b)^{-m}h(z)$$

と表される．ここで，$h(z)$ は b を極にもたない正則関数である．このとき，

$$\frac{f'(z)}{f(z)} = \frac{-Bm(z-b)^{-m-1}h(z) + B(z-b)^{-m}h'(z)}{B(z-b)^{-m}h(z)}$$
$$= -\frac{m}{z-b} + \frac{h'(z)}{h(z)}$$

が成り立つ. 今, $h'(z)/h(z)$ は $z = b$ の周りで正則であるから, $f'(z)/f(z)$ の $z = b$ における留数は $-m$ である. 以上のことと留数定理により,

$$\frac{1}{2\pi i}\int_C \frac{f'(z)}{f(z)}\, dz = Z(f;C) - P(f;C)$$

が成り立つ. □

付録 C

行列のノルム

ここでは，$\mathbb{C}^d$ の内積を $\langle \cdot, \cdot \rangle$ と表し，この内積から定まるノルムを $\|\cdot\|$ と表す．$A = (a_{ij})$ を d 次の正方行列とし，$\boldsymbol{a}_i = (a_{i1}, \ldots, a_{id})^\top$ とおく．このとき，コーシー・シュワルツの不等式（系 1.2.3）により，

$$\|A\boldsymbol{x}\|^2 = \left\| \begin{pmatrix} \langle \boldsymbol{a}_1, \boldsymbol{x} \rangle \\ \vdots \\ \langle \boldsymbol{a}_d, \boldsymbol{x} \rangle \end{pmatrix} \right\|^2 = \sum_{i=1}^d |\langle \boldsymbol{a}_i, \boldsymbol{x} \rangle|^2 \leq \left(\sum_{i=1}^d \|\boldsymbol{a}_i\|^2 \right) \|\boldsymbol{x}\|^2 \quad (\boldsymbol{x} \in \mathbb{C}^d)$$

が成り立つ．よって，

$$\|A\| = \sup_{\|\boldsymbol{x}\| \leq 1} \|A\boldsymbol{x}\|$$

と定めれば，$\|A\|$ は有限な値である．この $\|A\|$ は A のノルムとよばれる．その定義から明らかに

(i) $\|cA\| = |c|\|A\|$ $(c \in \mathbb{C})$,

(ii) $\|A\boldsymbol{x}\| \leq \|A\|\|\boldsymbol{x}\|$ $(\boldsymbol{x} \in \mathbb{C}^d)$,

(iii) $\|A^k\| \leq \|A\|^k$ $(k \geq 1)$

が成り立つ．(iii)だけ示そう．任意の $k \geq 1$ に対し，(ii)を繰り返し用いると，

$$\|A^k \boldsymbol{x}\| \leq \|A\|\|A^{k-1}\boldsymbol{x}\| \leq \|A\|^2 \|A^{k-2}\boldsymbol{x}\| \leq \cdots \leq \|A\|^k \|\boldsymbol{x}\|$$

が得られる．ここから，$\|A^k\| \leq \|A\|^k$ $(k \geq 1)$ が成り立つことがわかる．

これから，$\|\boldsymbol{x}_n - \boldsymbol{x}\| \to 0$ $(n \to \infty)$ を $\boldsymbol{x}_n \to \boldsymbol{x}$ $(n \to \infty)$ と表すことにする．

付録 C 行列のノルム　223

定理 C.1（ノイマン級数）. 単位行列を I により表し，$A^0 = I$ と定める．この
とき，$|z| < 1/\|A\|$ であれば，$I - zA$ に逆行列が存在し，

$$(I - zA)^{-1} = \sum_{n=0}^{\infty} z^n A^n$$

が成り立つ.

[**証明**] $|z| < 1/\|A\|$ を仮定する．このとき，$\|zA\| = |z|\|A\| < 1$ であるか
ら，zA に等比級数の公式が使える．実際，$n < m$ のとき，

$$\left\| \sum_{k=0}^{m} z^k A^k \boldsymbol{x} - \sum_{k=0}^{n} z^k A^k \boldsymbol{x} \right\| = \left\| \sum_{k=n+1}^{m} z^k A^k \boldsymbol{x} \right\|$$

$$\leq \sum_{k=n+1}^{m} \left\| z^k A^k \boldsymbol{x} \right\|$$

$$\leq \left(\sum_{k=n+1}^{m} |z|^k \|A\|^k \right) \|\boldsymbol{x}\|$$

$$\to 0 \quad (n, m \to \infty)$$

が成り立つ．よって，$\mathbb{C}^d$ の完備性[*1]により，任意の $\boldsymbol{x} \in \mathbb{C}^d$ に対し，
$\sum_{n=0}^{\infty} z^n A^n \boldsymbol{x}$ が $\mathbb{C}^d$ の中に存在する．このとき，極限の線形性により，

$$\sum_{n=0}^{\infty} z^n A^n : \boldsymbol{x} \mapsto \sum_{n=0}^{\infty} z^n A^n \boldsymbol{x}$$

は $\mathbb{C}^d$ 上の線形写像，すなわち行列を定めることに注意しよう．
　次に，$\|z^n A^n \boldsymbol{x}\| \leq (|z|\|A\|)^n \|\boldsymbol{x}\| \to 0 \ (n \to \infty)$ から，

[*1]　絶対値をノルムに書き換えれば，$\mathbb{C}$ の完備性と同様である．$\mathbb{C}^d$ 内のベクトルの
列 $\{\boldsymbol{x}_n\}_{n \geq 1}$ に対し，$\|\boldsymbol{x}_n - \boldsymbol{x}_m\| \to 0 \ (n, m \to \infty)$ のとき，$\lim_{n \to \infty} \boldsymbol{x}_n$ が $\mathbb{C}^d$
の中に存在する．すなわち，$\mathbb{C}^d$ のコーシー列は $\mathbb{C}^d$ の中で収束する．

224 付　録

$$\left(\sum_{n=0}^{N} z^n A^n\right)(I - zA)\boldsymbol{x} = (I + zA + \cdots + z^N A^N)(I - zA)\boldsymbol{x}$$

$$= \boldsymbol{x} - z^{N+1} A^{N+1} \boldsymbol{x}$$

$$\to \boldsymbol{x} \quad (N \to \infty)$$

を得る. よって, $|z| < 1/\|A\|$ のとき, 任意の $\boldsymbol{x} \in \mathbb{C}^d$ に対し,

$$\sum_{n=0}^{\infty} z^n A^n (I - zA)\boldsymbol{x} = \lim_{N \to \infty} \sum_{n=0}^{N} z^n A^n (I - zA)\boldsymbol{x} = \boldsymbol{x}$$

が成り立つ. 同様にして,

$$(I - zA) \sum_{n=0}^{\infty} z^n A^n \boldsymbol{x} = \boldsymbol{x}$$

が成り立つこともわかる. したがって,

$$\sum_{n=0}^{\infty} z^n A^n = (I - zA)^{-1}$$

が成り立つ. $\qquad\square$

参考文献

[1] D. Alpay, *A Complex Analysis Problem Book*, Second Edition, Birkhäuser, 2016.

[2] J. Agler and J. E. McCarthy, *Pick Interpolation and Hilbert Function Spaces*, American Mathematical Society, 2002.

[3] H. Dym and H. P. McKean, *Fourier Series and Integrals*, Academic Press, 1972.

[4] 江沢 洋, フーリエ解析, 朝倉書店, 2009.

[5] 荷見 守助, 関数解析入門 (バナッハ空間とヒルベルト空間), 内田老鶴圃, 1995.

[6] J. W. Helton and O. Merino, *Classical Control Using H^∞ Methods*, SIAM, 1998.

[7] 伊吹 竜也, 山内 淳矢, 畑中 健志, 瀬戸 道生, 機械学習のための関数解析入門 (カーネル法実践：学習から制御まで), 内田老鶴圃, 2023.

[8] 伊藤 清三, ルベーグ積分入門, 裳華房, 1963.

[9] T. W. ケルナー, フーリエ解析大全 (上), (下), 高橋 陽一郎 監訳, 朝倉書店, 1996.

[10] 近藤 次郎, ラプラス変換とその応用, 培風館, 1977.

[11] P. D. Lax, *Functional Analysis*, John Wiley & Sons, 2002.

[12] 牧 逸馬, 世界怪奇実話, 講談社, 1997.

[13] H. P. McKean, *Fredholm determinants*, Cent. Eur. J. Math., **9**(2) (2011), pp. 205–243.

[14] 中野 道雄, 美多 勉, 制御基礎理論(古典から現代まで), コロナ社, 2014.

[15] 及川 多喜雄, 制御系の数学, 内田老鶴圃新社, 1977.

[16] F. Riesz and B. Sz.-Nagy, *Functional Analysis*, Dover, 1990.

[17] W. Rudin, *Real and Complex Analysis*, Third Edition, McGraw-Hill, 1987.

[18] A. Sasane, *Algebras of Holomorphic Functions and Control Theory*, Dover, 2009.

[19] 瀬戸 道生, 伊吹 竜也, 畑中 健志, 機械学習のための関数解析入門 (ヒルベル

ト空間とカーネル法), 内田老鶴圃, 2021.

[20] J. H. Shapiro, *Volterra Adventures*, American Mathematical Society, 2018.

[21] 西郷 甲矢人, 能美 十三, 指数関数ものがたり, 日本評論社, 2018.

[22] 志賀 徳造, ルベーグ積分から確率論, 共立出版, 2000.

[23] 杉江 俊治, 藤田 政之, フィードバック制御入門, コロナ社, 1999.

[24] 高木 貞治, 解析概論, 改訂第三版, 岩波書店, 1961.

[25] 田中 章, 再生核ヒルベルト空間から眺める標本化定理, 日本音響学会誌, **73**(9) (2017), pp. 577–584.

[26] F. G. Tricomi, *Integral Equations*, Dover, 1985.

[27] N. ウィーナー, サイバネティックス (動物と機械における制御と通信), 池原 止戈夫・彌永 昌吉・室賀 三郎・戸田 巌 訳, 岩波書店, 2011.

[28] 吉田 和信, 制御工学 (講義ノート), `http://ecs.riko.shimane-u.ac.jp/~kyoshida/`, 2020.

[29] 吉田 耕作, 積分方程式論, 第2版, 岩波書店, 1978.

文献メモ

本書の執筆には多くの本を参考にした．第1章と第2章は Dym–McKean [3] を参考にした．また，2.5 節と 2.6 節では Rudin [17] も参考にした．第3章は Helton–Merino [6]，近藤[10]，中野・美多[14]，及川[15]，杉江・藤田[23]，吉田[28] を参考にした．また，3.5 節と 3.6 節では Alpay [1]，Agler–McCarthy [2]，Sasane [18] も参考にした．第4章の積分方程式論一般については Lax [11]，Riesz–Nagy [16]，吉田[29] を参考にした．また，ヴォルテラの理論については Shapiro [20]，フレドホルムの理論については McKean [13]，Tricomi [26] を参考にした．第5章は伊藤[8]，志賀[22] を参考にした．

さらに参考書として，フーリエ解析を歴史も含め包括的に知りたい場合は ケルナー[9] を薦める．また，物理学者の豪快なフーリエ解析も魅力的である．江沢[4] はその多彩なことで Dym–McKean [3] に匹敵する一冊．さらに，楽しく読め，そして一風変わった西郷・能美[21] も推薦したい．

さて，現代では，一般に関数解析を学ぶには，偏微分方程式論，確率論，作用素環論，表現論などを目的として，様々なルートがある．本書には複素解析へと繋がるルートを埋め込んだ．このような関数解析を学びたい場合，以前は Rudin [17] が定番であったが，Lax [11] も薦めたい．

あとがき

　本書の著者二人は，数学に行き詰ったそれぞれの機会に，松本の高木 啓行さんを訪ねたことがあった．信州大学の教授であった高木さんは押しかけのような訪問の申し出を快く受け入れてくれ，我々の拙い数学の話を，ときに鋭い指摘を交えながら聴いてくれた．本書の著者は二人とも高木さんから数学を楽しむことを教わった．松本に滞在した数日間のことは修業時代の記憶として今も思い出される．

　2017 年の秋，高木さんはこの世を去った．松本でのお別れの会からの帰途，特急あずさの中で著者二人は今後の数学への取り組み方を話し合った．今思えば，それこそが本書の萌芽であった．

　本書を高木 啓行さんに捧げたい．

索　引

あ行
アスコリ・アルツェラの定理, 215
安定, 101

一様収束, 18, 214
一様有界性, 139, 215
一様連続, 32, 128
インパルス応答, 99

ヴォルテラ型の積分作用素, 129
ヴォルテラ作用素, 130

ℓ^2-安定, 116
L^2-内積, 8, 36, 55, 125
L^2-ノルム, 8, 36, 55, 125

オイラーの公式, 1

か行
ガウス核, 59
下限 (inf), 109
可積分, 195
可測関数, 187
可測集合, 187
カーネル関数, 149
カラテオドリ可測, 186
完全加法性, 185
完全加法族, 180
カントール集合, 184
($\mathbb{C}$ の)完備性, 214
($C([a,b])$ の)完備性, 214
(L^2 の)完備性, 65

ギブズ現象, 21

区分的に連続な関数, 23
クラメル・フレドホルムの公式, 165

(有理関数の) 係数, 98

広義一様収束, 77
恒等作用素, 133
項別積分定理, 209
コーシー・アダマールの公式, 112
コーシー・シュワルツの不等式, 10, 36,
　　65, 125
コーシー列, 65, 213
固有関数, 138
固有値, 138
コンパクト性, 216

さ行
最終値の定理, 87
作用素ノルム, 133
三角多項式, 3
(L^2-ノルムの)三角不等式, 11, 36, 65,
　　125
(無限大ノルムの)三角不等式, 126, 213

自己共役, 135
自己共役作用素, 135
次数 (deg), 97
システム, 91, 111
シャノンのサンプリング定理, 78
集合族, 173

232 索 引

出力, 91, 111
上限 (sup), 17
状態変数, 96, 111
状態方程式, 96, 112
ジョルダン外測度, 177
ジョルダン可測, 178
ジョルダン測度, 178
ジョルダン内測度, 178

整関数, 77
正規直交系, 9, 126
絶対収束, 53
z 変換, 112
線形作用素, 133

　た行
台 (supp), 52
たたみ込み, 27, 60, 87
単位ステップ応答, 99
単関数, 189
単調収束定理, 200
単調性, 182, 185

ディニの定理, 217
ディラック測度, 196
ディリクレ核, 15
ディリクレの定理, 18
(ディラックの)デルタ関数, 73
伝達関数, 91, 114

同程度連続性, 139, 215
特性関数, 43, 188

　な行
ナイキストの安定判別法, 106

入力, 91, 111

熱方程式, 24, 58

ノイマン級数, 157, 163, 223

　は行
パーセヴァルの等式, 38

ヒルベルト・シュミットの展開定理, 146

フィードバック制御システム, 92
フェイェル核, 29
フェイェルの定理, 31
フビニの定理, 210
プランシュレルの等式, 58, 66
フーリエ逆変換, 55
フーリエ級数, 2
フーリエ係数, 1
フーリエ積分, 41
フーリエの反転公式, 50, 55, 66
フーリエ部分和, 15
フーリエ変換, 2, 44
フレドホルム型の積分作用素, 127
フレドホルム行列式, 167
フレドホルムの記号, 169
フレドホルムの第 2 種積分方程式, 160
フレドホルムの定理, 172
ブロック線図, 91
ブロムウィッチ積分, 84

閉ループシステム, 97
ベッセルの不等式, 13, 36, 126
偏角の原理, 219

ほとんどいたるところ, 38, 197
ほとんどすべて, 68, 197
ボレル集合, 181
ボレル集合族, 180

索　引　233

ま行

マーサーの定理, 152

無限大ノルム, 18, 126, 213

や行

(作用素が)有界, 133
(数列が)有界, 14
(関数が)有界, 47
(関数列が)有界, 138
(集合が)有界, 182
有界収束定理, 205
有限加法性, 176
有限加法族, 174
有限加法的測度, 176

ら行

ラプラス逆変換の公式, 84

ラプラス変換, 83

リーマン・ルベーグの補題, 14, 36, 72

ルベーグ外測度, 181
ルベーグ可測, 182
ルベーグ可測関数, 186
ルベーグ測度, 182
ルベーグ内測度, 182
ルベーグの収束定理, 202

零作用素, 133
レゾルベント核, 163
劣加法性, 182, 185

著者略歴

瀬戸　道生（せと　みちお）

1998 年　富山大学理学部数学科卒業
2000 年　東北大学大学院理学研究科博士課程前期数学専攻修了
2003 年　東北大学大学院理学研究科博士課程後期数学専攻修了
　　　　　北海道大学理学部 COE ポスドク研究員,
　　　　　神奈川大学工学部特別助手,
　　　　　島根大学総合理工学部講師, 准教授を経て
現　在　防衛大学校総合教育学群教授（博士（理学））

細川　卓也（ほそかわ　たくや）

1998 年　京都大学理学部理学科卒業
2000 年　京都大学大学院理学研究科数学・数理解析専攻博士前期課程修了
2003 年　新潟大学大学院自然科学研究科情報理工学専攻博士後期課程修了
2007 年　安東大学校（韓国）ポスドク研究員
2008 年　高麗大学校理科大学（韓国）研究教授,
2009 年　茨城大学工学部講師を経て
現　在　茨城大学大学院理工学部研究科工学野准教授（博士（理学））

著者の了解に
より検印を省
略いたします

関数解析入門のための
フーリエ変換・ラプラス変換
積分方程式・ルベーグ積分

2024 年 12 月 15 日　第 1 版発行

著　　者　　瀬　戸　道　生

　　　　　　細　川　卓　也

発　行　者　　内　田　　　学

印　刷　者　　山　岡　影　光

発行所　株式会社 内田老鶴圃　〒112-0012 東京都文京区大塚3丁目34番3号
　　　　　　　　　　　　　　　電話 03(3945)6781(代)・FAX 03(3945)6782
http://www.rokakuho.co.jp/
　　　　　　　　　　　　　　　　印刷・製本/三美印刷 K.K.

Published by UCHIDA ROKAKUHO PUBLISHING CO., LTD.
3–34–3 Otsuka, Bunkyo-ku, Tokyo, Japan

U. R. No. 685–1

ISBN 978-4-7536-0173-8 C3041　　　©2024 瀬戸道生, 細川卓也

関数解析入門 バナッハ空間とヒルベルト空間

荷見守助 著

A5・176頁・定価3080円(本体2800円+税10%) ISBN978-4-7536-0094-6

第1章 距離空間とベールの定理 距離空間と
その完備化／ベールのカテゴリー定理／連続関
数の空間 C[a,b]／至るところ微分不可能な連続
関数／完備化定理の証明

第2章 ノルム空間の定義と例 ノルム空間／
ノルム空間の例／ノルム空間の完備性，バナッ
ハ空間／内積によるノルム，ヒルベルト空間

第3章 線型作用素 線型作用素の連続性と有
界性／線型作用素の空間 L(E,F)／一様有界性の
原理／共役空間

第4章 バナッハ空間続論 ハーン・バナッハ
の定理／第二共役空間／開写像定理／閉グラフ
定理／閉作用素の例

第5章 ヒルベルト空間の構造 ベクトルの直
交分解／ヒルベルト空間の共役空間／直交系と

グラム・シュミットの定理／完全正規直交系の
存在

第6章 関数空間 L² 基本定義／完備性の証明
／空間 Lᵖ／本質的有界関数の空間

第7章 ルベーグ積分論への応用 ラドン・ニ
コディムの定理／符号付き測度の分解／Lᵖ の共
役空間／測度の微分

第8章 連続関数の空間 基本構造／ストーン・
ワイエルシュトラスの定理／線型汎関数と順序／
汎関数による測度の構成

付録A 測度と積分 測度／積分／基本性質／
直積測度／位相空間における測度／ルベーグ測度

付録B 商空間の構成 ベクトル空間の場合／
多元環の場合

関数解析入門 線型作用素のスペクトル

荷見守助・長 宗雄・瀬戸道生 共著

A5・248頁・定価3630円(本体3300円+税10%) ISBN978-4-7536-0089-2

第1部 有界線型作用素
第1章 バナッハ空間とヒルベルト空間 基本
の概念／双対空間／ヒルベルト空間

第2章 線型作用素 基本性質／ヒルベルト空
間上の線型作用素

第3章 線型作用素のスペクトル スペクトル
の定義／スペクトルの基本性質／ヒルベルト空
間上の作用素

第4章 コンパクト作用素 コンパクト作用素
の基礎性質／リース・シャウダーの理論

第5章 線型作用素の関数 基本の考え方／ヒ
ルベルト空間上の関数法

第2部 ヒルベルト空間上の自己共役作用素
第6章 有界作用素のスペクトル分解定理
スペクトル分解定理への準備／掛け算作用素型
のスペクトル分解／スペクトル測度によるスペ
クトル分解定理／ユニタリー作用素のスペクト
ル分解／コンパクトな自己共役作用素

第7章 非有界自己共役作用素 非有界作用素
の基礎概念／スペクトルとレゾルベント／対称
作用素と自己共役作用素／フォン・ノイマンの
着想／ケーリー変換

第8章 非有界自己共役作用素のスペクトル分解
自己共役作用素のリース・ロルチ表現／スペク
トル分解定理／スペクトル分解の応用

第3部 バナッハ環による解析
第9章 バナッハ環の基礎 定義と例／基本性
質／スペクトル

第10章 可換バナッハ環のゲルファント変換
可換バナッハ環の指標／極大イデアル／ゲル
ファント変換／ゲルファント変換とスペクトル

第11章 C*環 対合を持つノルム環／基本性
質／正規元の関数法とスペクトル写像定理／正
規作用素のスペクトル分解

付録 リースの表現定理／ベクトル値正則関数

機械学習のための関数解析入門
ヒルベルト空間とカーネル法

瀬戸道生・伊吹竜也・畑中健志 共著
A5・168頁・定価3080円(本体2800円+税10%)
ISBN978-4-7536-0171-4

機械学習のための関数解析入門
カーネル法実践：学習から制御まで

伊吹竜也・山内淳矢・畑中健志・瀬戸道生 共著
A5・176頁・定価3080円(本体2800円+税10%)
ISBN978-4-7536-0172-1

http://www.rokakuho.co.jp/